# 書店不死。

石橋毅史
楊明綺——譯

# 目次

# 推薦序一／遍地開花的書店精神

銀色快手（荒野夢二店長）

受邀寫這篇推薦序的時候，我正籌備著一間小書店誕生。今年的五月初，我和內人去了一趟京都旅行，在那裡我拜訪許多小書店，大多位於巷弄間，或普通公寓的樓上，有的沒有掛招牌，有的招牌不甚明顯，有的甚至問了住附近的居民，也搞不清楚書店的正確位置，相當隱祕，不過，我還是逐一克服阻礙，拜訪了這些極具特色的小書店。

三年前，我在台北的泰順街，曾經在地下室開設了一間小書店。當時，有些朋友慕名而來採訪，問及書店的構想是參考哪間書店？我笑而不答，其實當時對於實體書店該如何經營根本一無所知的我，所參考的範本是京都的惠文社一乘寺店，等到把書店收起來之後，才和內人眞正實地走訪了惠文社，那簡直是朝聖的行程，踏入店內，你不知道我有多麼地感動，樸實而人文的讀書氛圍，不需要刻意說明，就能感受濃郁的氣息。後來，逛過幾次仍像初次造訪一般的新鮮，充滿好奇心。一個獨立經營的書店能夠做到全國知名，甚至成爲外國觀光客必訪的景點，可見它的文化魅力和影響力，其能量是如此的豐沛。我相信它是所有書店人夢寐以求的願景。

《書店不死》這本書，日文原文是：「本屋」は死なない。從文意上來解讀，作者石

橋毅史刻意用「本屋」和連鎖「書店」作個區隔，本屋指的是過去個人獨力經營的小書店，而非企業化管理的連鎖書店，而一些專賣舊書或是專門主題的小書店，也包含在「本屋」的範圍。相較於台灣，這些年逐漸冒出頭，遍地開花的獨立書店和小書店，也屬於「本屋」的範疇，除了獨力經營之外，還有著個人堅持的創業理念，對於社會議題、環境議題、女權運動、社會運動、弱勢團體和兒童教育等方面都有長期的關注與參與，使得書店不光只是販售書籍的功能，也兼具社區活動中心、情報的交換以及發信站、社會議題的行動串連、讀書會和藝文活動空間，有些書店背負著社會責任，有著強烈的使命感。

而小型的社區型書店，也默默耕耘著小眾的閱讀社群，在街頭巷尾掌起一盞盞文化的燈火，即使被書價折扣戰壓得毫無利潤可言，即使受到網路書店和電子書業的夾殺衝擊，仍秉持著理念與意志撐下去，爲的是延續書店的精神，而《書店不死》的熱血澎湃，勢必能提振書店從業人員的信心，也提醒著愛書愛閱讀的我們，書店是「人與書邂逅的場所」、是有溫度有對話的「閱讀空間」、是親手將書交付到客人手上的「溫暖行業」，無論環境再怎麼艱難嶮峻，這個社會上總有某個角落，還有人願意去從事這樣的文化事業，收到翻譯初稿，我前後讀了三遍，深深爲之感動，並砥礪自己也要成爲樂於傳遞文化薪火的書店人。

書店存在的意義是什麼？這是值得我們一再思索的課題。看到百人村小書店的故事，幾乎熱淚盈眶，無論再怎麼辛苦，也要騰出時間爲村裡的孩子們說故事；用行動書店的概念，開車去深山裡分享書香的喜悅，滿足每一個求知的幼小心靈；在日本大地震之後，努力奔走重建社區圖書館的熱血書店店員；只有幾坪大的空間，忍受著三餐不繼的營業額，依然堅守小書店理念的女主人；每一個故事，都悄悄地打進讀者們的心靈深處，原來逛書店是這麼有意義的一件事，原來我們在追尋的是回歸樸實的一種夢想，透過紙頁的油墨香，店主的熱心推薦、書架的精心陳列，人與人那種親密的交流和互動，所營造出來的人間風景，書店不止是一種行業，也是人生的志業，夢想的實踐與挑戰。

就在截稿前夕，我的小書店也悄悄孕生了，覺得是該爲地方上做些自己該做的事。德國哲學家黑格爾說得好：「這裡就有玫瑰花，就在這裡跳舞吧！」雖然不知道未來會有多艱難，我甘心默默守著小書店的火把，不讓它熄滅。

# 推薦序二／囚犯的兩難

盧郁佳（作家）

日本出版業報紙的前任記者，在實體書店急遽萎縮的危局中，採訪寫下這本全日本野戰現場報導，憤怒歸咎於大型連鎖書店拓點，大型出版社與大型發行商控制獨立書店。這些大企業投機炒作少數暢銷書暴起暴落，喪失多元選擇，放棄扎根地方。原本是書店培育特定讀者，讀者培育特定書店，雙方發揚個人自主戰鬥的活潑能量；而這種長期累積出特殊情感的彼此歸屬關係，卻被大企業只看帳面的功利速成思維斬斷，店員喪失推薦書籍的自主權力，職人累積的選書專業淪爲多餘，導致資深人才出走創辦獨立書店，屢敗屢戰，倒了再開，或以鬥志悲願「半×半書店」打游擊，實現書店作爲社會企業。書店的本質是溝通，就像社會的血管系統，一旦堵塞，社會就中風癱瘓，所以通路必須多元，選書必須多元。這些獨立書店職人爲守住自己的媒體、持續發聲，以各種姿態賭上了人生，宛如紀錄片栩栩在目，複雜面貌令人震懾、玩味。

日本連網路書店都不打折、還得加運費，台灣書業比日本更多一重折扣血戰的壓力，狀況值得數十本書紀錄討論。但是本書內容予我最大啓發，是更清晰透視台灣相形所缺少的具體文化要件。台灣各通路、產業甚至各種組織，都面對同樣問題：集體主義的幽靈陰魂不散，導致過勞體制的分化，疏離，壓抑溝通協調，不信任，而難以達成升級精緻轉型所需的高度協調、合作無間。

雖說與書中人同樣身爲書店職工，但我更以一個人的身分，急切想將本書偉大貢獻呈敬於諸君：對人性的復歸。

## 孤立導致分化崩解

內向潔癖孤僻的傢伙們，在世界上得到的伴侶就是書。因爲多多少少不相信人，蹺體育躲在樹上看小說，間或用懷疑眼神睨視操場上的多數，心想他們究竟忙什麼呢。但是進入書店與中大型企業，考驗就來了。乍看有壓力要我不相信人，放棄人，才做得下去；最後則會發現，一切問題來自我不相信人。

孤立主義看似個人主義，其實相反，是集體主義的產物。習慣孤立，一旦遭逢變遷困局，只能選擇互相指責、斷尾求生。因爲缺乏信任基礎，所以不存在合作求生的選項。無法合力對抗大環境，只能把敵人設定爲身邊的同業與合作夥伴。

遇到危機，反射動作是決定要犧牲誰來度過難關。我們把這島嶼當成一艘遇難斷糧多時的漂流船，停留在抽籤決定要吃誰的肉，低眼看籤前那刻的心情。

近日兩岸服貿協議爭議中，電子商務業者表示，台灣只要不向陸資開放出版業，開放印刷業沒關係。而後，既能交換電子商務西進大陸，其實出版業開放也沒關係。

有發行商希望陸資來台開書店打破壟斷，出版社希望陸資印刷廠提供更便宜服務，老闆希望陸資給資金，員工希望陸資來換掉老闆、變慷慨點。如果書店也巴望陸資出版社低折扣，出版各環節就翻版了霧社事件敗因，與更早無數次倒戈：被殖民者利用殖民者殺害內部敵人。歷史上任何殖民，都要靠被殖民者內部恩怨而遂行。你眼中的殖民，對他而言是解放。這是原先社會的關係失靈，使得衝突未獲協商支援。如果還有一絲機會來得及去面對問題，都要面對。

服貿協議不是第一次全球化壓境，上一次是電子書。在電子書發展上，美國書業從作者到出版社，冒高度風險去投資開發、內容創新時；台灣是電信業者一面猛發新聞稿虛張聲勢，一面責怪出版社不肯顧全大局虧本釋出海量版權。台灣對電子書的想像是：出版社想靠電子書省掉印刷廠、書店分成，作者想靠電子書省掉出版社分成，讀者想靠盜版電子書省掉作者分成。

斷尾求進步，有時可看成是撿現成的極致：黑吃黑。

能夠這麼容易捨棄對方，乍看是利益衝突，實則是陌生隔閡。一夕暴雨洪流衝進原本關係的裂縫時，我們並不修補，只不耐煩等著對方立場從我的立場邊緣崩塌流失分解，而對方也一樣等著我被消滅。

因爲過勞體制，忙碌首先省略的就是閒聊，依賴電子往返精簡訊息，即使見面也只談正事，業務去書店沒空多聊，原本能帶回出版社給編輯的珍貴訊息就少了。各環節之間都要靠閒聊才能充分掌握對方情境、互相配合，但帳面上看不出其價值與因果關係，結果會計制度扼殺了創新機會。書店不知道印刷廠的艱困，不認識社子廠區人們是在如何場景心緒下工作生活；編輯不知道門市；作者不知道業務。互相支持共生的人們，竟然會想要犧牲對方來前進，親不知子，骨肉流離。我們互不信任，只打聽，不討論，視產業爲你死我活的飢餓遊戲。

而日本業者不但鄭重其事社交閒聊、開讀書會、評者編者書店業者寫書議論業界形勢，還把讀書會內容也出版成書，他們確實知道訊息在合作中占據的關鍵地位，爲之不惜投資心力於公共性。我欠下這隱形公共巨債，令我心痛。在台灣，人們以爲自己怠於工作時，通常已過勞而不自知，實際上是怠於社交，怠於遊戲，怠於知識生產，而甘爲奴役。知識不是炫目又有深度的翻譯進口貨，而是身邊人爲了解決當代問題的自力發明。社會衝突必須經由知識而不是暴力來檯面化，得到回應和理解。

產業鏈每個環節如果個別孤立，就形成囚犯的兩難：在隔離審訊，互不知情下，最有利的博奕是犧牲別人自保。要突破囚犯困境，唯有信任與溝通，永遠相信，永遠主動接觸，永遠不怕復合。

## 集體主義的隱形幽靈

書中的書店員工原田，痛恨別家抄襲她獨見創獲的選書，遂離職創業，設法找到別人無法抄襲的個人風格行銷。開書店的川原，自己向讀者朗讀繪本，將大量複製的書本，轉化爲不可複製的個人現場live表演。讓人反省書店的手工性質，亦即通路多元，如何受到企業規模化傾向的毀壞；而重新摸索自我，又需要多強大的專注堅持與敏感覺察。

台灣大型書店常向出版社要求「獨家」書封、折扣或贈品，重點放在獨家。所謂「獨家」就是相信書都是一樣，在哪家店買沒分別；所以書店極力製造出區隔來，中國大陸京東書城惡鬥當當網的免費割喉戰也基於此想。

但是，沒有兩家書店會是一樣的，即使連鎖書店也做不到。書店生來就不同，且隨著生長而改變，這間書店吸引欣賞這種性格的人，那間書店吸引欣賞那種品味的人。話題只要談到振興書市，就會反射性地吸引一種論述，希望找到金主設一平台羅列所有書籍清單，毫無遺漏，取代總是健忘、東漏西缺的書店。我可以保證，若有這家書店，你不會供貨，因爲自己出的書埋葬在浩瀚書海；也不想光顧，如果你不想花數小時在負手踱步瀏覽書名嘖嘖稱奇。我總是以爲自己什麼都懂、什麼都會、什麼都好，直到學會痛苦承認自己既易怒又嚇人，而且腳很臭，居然仍能和少數特別寬容的特定人士交上朋友。我們不想承認自己原本就是獨家，有很多獨家缺點，但是發掘、磨練一項獨家優點便足以吸引顧客成交。因爲我們都是集體主義的兒女。我們誤以爲別人賣得動的書我們也賣得了，以爲排行榜不管哪家都是一樣的，其實它是大小考名次榜在我們生命中的投影，優等生才會得人疼，劣等生沒人愛。其實，從來沒有人把我們照名次排。

拼折扣就是台灣加工出口區削價搶單的傳統邏輯，我不相信別人會願意花時間認識我，所以我也懶得花時間爭取別人接受我，我只相信別人永遠用同一基準把我和其他人排名次、比價三家不吃虧。所以其他人全都是我的對手。其實，這世界上根本沒有對手，只有永不相遇的朋友。

台廠低潮沒訂單就裁員、放無薪假；在台日廠卻是沒訂單就進行員工研修，醞釀創造下一波榮景。如果平日賺的是工時血汗錢，我們便無法承受艱苦時堅守彼此、風雨相依的團隊風險。而集體主義永遠在把成本外部化，用外包或過勞來壓低成本，作爲生存優勢。而外包和過勞加深了隔閡疏離，使我們容易捨棄對方，斷尾求生。

在彼此孤立的世界裡，只爲浮雲能蔽日，長安不見使人愁。許多作者覺得遠不如我的新書搶了我的排行榜名次；出版社覺得別社新書占了原該屬我的曝光版位；書店覺得別家書店沾了我的光搶了我的業績。危機使人陷入戰或逃的迷思，持續的危機則會讓人陷入被害情結。面對痛苦衰退時，我容易染患市場競爭觀念這種無可救藥的疑心病，像每個人驚聞伴侶提分手時立刻問：「那個人是誰？」把此消彼長看成被奪，歸諸竊奪者的不義，就蒙蔽了我，無視於種種結果源於自己的作爲，也就喪失承擔責任與自主權力。

新書上榜時，作者想不到也有人正在爲下榜心焦；出版社收到書店告知「因爲別家延書，所以請你遞補上最佳版位」時，覺得天理昭彰；書店跟風推銷別家書店暢銷書時，相信自己在盡責。我容易無視從假想敵那裡得到的利益，而放大因假想敵所致的損失，這就是假想敵的起源。

當本書作者憤怒投奔地方上的叢林游擊隊，準備聲討連鎖企業的罪惡時，卻發現這些默默奮鬥的英雄早已寬容看待體系。書店和二手書店互相幫助，甚至書店願意在門口放置免費交換的書箱，說出這番感謝：「只要看書的人多了，買書的人就多了。」

實際上，整個系統相依爲命。即使是在對我最反感的對手那裡，也還有許多人在依靠我守住。即使是讀者進我工作的書店翻書找到標的，然後到對手網路書店訂低價書，讀者的光臨便是緣份的機會，假使我的工作對他有所貢獻，便會對世界有所貢獻。

## 敵人是大吃小嗎？

本書是否在描述小書店和連鎖書店間的對立呢？我從中讀到兩者間更多的共通性，人與組織的關係，組織與社會的關係。書店員工從新人階段開始，在服從與衝撞中學習，累積圖書知識；成熟後獨當一面，專業主張彼此不同，已有自信去堅持己見。如果體制彈性無法吸納衝突爲成長契機，人才便會脫離體制、獨立創業。無論時局好壞，各行各業中年創業現象的本質就是瓜熟蒂落，要把經驗理念付諸商業實驗，這也是有利社會持續創新的機制。企業流失人才固然損失龐大，但創業增加更有利於社會。

連鎖書店門市感受來自總公司的業績壓力，和小型獨立書店感受來自出版社、發行商的財務壓力，是一致的。獨立書店限於規模小，向發行商談判進貨折扣等條件時處於劣勢，如果聯合一百家書店共同進貨，互相承擔其中個別書店拖欠、倒帳，分散風險固然可行。但若要承擔一家造成的損失，其餘九十九家也會關心其經營，無論協助支持、或是強迫改造，如果每家要花一半時間處理平台業務、共同問題，那麼情況便類似連鎖書店付出的高昂行政成本。規模大有優勢，也有劣勢。

書店是爲了出版社能出書、而代爲向大眾招募個人小額集資的銀行；發行商是爲出版社和書店外包風險，銀行的銀行。在獨立書店系統中，由發行商來承攬風險。往來書店中若有倒閉，發行商最直接手段就是提高其餘書店的保費、亦即交易風險門檻。連鎖書店總公司的因應可以比較複雜些，但也可以說同爲進貨選擇、和預算控管。

若單純屈服於風險，便產生了書中所詬病的書店，向出版社和發行商傾斜，進貨受牽制，專攉大眾暢銷書。無論是連鎖書店、小書店，都有此例。而個性化選書經營，也是連鎖和小型都有。如果要把連鎖書店等同於單調的暢銷書，小書店等於精緻手工選書，並不準確。現狀是各種圖書通路，在經濟停滯、零售受挫中，喪失個性的趨勢。解決不僅關於我們個人從集體主義附身之中覺醒的靈魂再造，機制也必須再造。任何平等開放的交易平台，都不會是別人現成準備好等待我們享用，總是參與、實驗、努力不懈得來。大企業過度優化的弊病，自主小企業摸索創新商業模型的苦旅，兩邊都在艱苦奮鬥，也都值得奮鬥。

## 重尋自我與復歸社會

說到市場，侵占別人既有市場最快是常識；說到緣份，大家都說不可強求。與其說是市場，不如說是緣份。以等待的心情用雙手持續累積，從內向潔癖孤僻傢伙，學會真心去交陪，創造種種緣份。成年人看著新書銷路萎縮，然而輕小說、動漫、羅曼史卻成長不輟，總視為不入流、媚俗。但若擠進動漫展人潮，看看悶熱喧譁汗臭中，讀者卻如朝聖熱情投入享受，便會明白，那是愛啊。作者編者業務與讀者對內容投注海量的愛，牽成了如此緣份。成年人不相信自己的愛，以愛為恥，偶爾能製作、推薦自己喜愛認同的書，竟以為是「自己的私心」，這種貶低愛、沒有愛的奴隸日子過多久了呢。能過多久呢。若從報表抬頭，看看過街人群，看看人們的表情，看看表情下的心，或者我們原本膽怯的心，決策會有所不同，或者能冒險去創造自己，創造緣份。

書市的萎縮，來自人際關係的消失與淺薄。心思忙亂時，無法好好體會別人的心，無法好好體會自己的心，也就無法好好表達自己。失去了有意義的相處後，連帶也就無法獨處了。喪失獨處的滋潤，只能在臉書上公開情緒困擾的一兩句喊話，而無法承受面對面深入談論困擾，彼此都束手無策。閱讀是獨處的一種，一個環節，一個生態指標，一個關鍵物種。

在工作中思考，討論，並寫成書出版，開店實踐理念，倒閉後重新進入連鎖書店，或是繼續開店，半×半書店，兼職補貼養店。那並不是世人以爲的清高虛名，而是「無論何時都不放棄與人溝通」的信心。那一定是來自時常傾談相契而能心領神會，對人與土地共同的愛。

在台灣，我們彼此競爭，但更重要是同時我們也是一個團隊。爲了更好地活下去，我們總要放下手上的事來傾聽彼此，支持到底，成爲一個團隊。

感動推薦——

小葉日本台（日本文化達人）
南方朔（文化評論家）
楊照（作家・評論家）
銀色快手（荒野夢二店長）
詹宏志（PC Home網路家庭董事長）
蔡康永（主持人・作家）
盧郁佳（作家）

小小書房、水木書苑、水準書局、午後書房、永楽座、政大書城、虎尾厝SALON、茉莉二手、東海書苑、阿福的店、林檎二手、南崁1567小書店、胡思二手、洪雅書房、唐山書局、莽葛拾遺、書寶二手、晶晶書庫、雅博客二手、墨林二手、舊香居

——共同為台灣書店加油打氣！

曾經抱著一絲希望在南部某獨立書店找到一本《泉鏡花》的著作，厲害的是那位神人級的書店老闆娘右手一指，靠牆第二排！嗯，有網路的搜尋引擎很好，但在書店發現書，更是難以取代的驚喜與感動。

——小葉日本台

「書店的未來如何呢？」這是書裡的關鍵提問，在這樣的黃昏時刻，作者或許想要找到，實體書店消亡的原因，存在的必要性。有趣的是，作為書店的經營者，我也經常在他訪問著這些書店主人時，試圖探問自己的答案；而他對書店店員的訪問，更讓我不禁比較、對照台日書店的差異。這是一本，能夠讓環繞在書的產業裡的人們，閱讀時不停思考、自省的書。書店要如何不死？我想，對於這個提問，這本書是一個邀請，一個入口。

——小小書房店主　虹風

希望《書店不死》一書問世，能像台灣的職棒重新點燃書店街的「常夜燈」，喚醒國人閱讀的新風潮，凝聚許多愛書人幸福的所在，以及回憶起昔日全家樂融融陶醉在一起閱讀的那一份感動。

——水準書局店主　曾大福

眞實的故事往往比小說動人，讀完《書店不死》，我好想用自己的筆也探訪台灣那些讓書店不死的靈魂。

——永楽座書店主人　石芳瑜

書店不該只是爲了賣書而存在，必得找到自己的核心價值，才有機會爭取到足夠的讀者認同，否則雖死亦不足惜。

——有河Book店主　686

走過喧鬧、熱情不滅，留下一片靈魂的風景，替未來留住現在。

——虎尾厝・SALON

就是因爲這樣一群傻瓜，所以書店不死！這不只是書店經營者的甘苦談，更是執著於理念的一部運動紀事。

——東海書苑店主／台灣獨立書店文化協會祕書長　廖英良

我親睹重慶南路書店街三十年興衰，然「書店不死」若不要只淪爲夢想與激情，惟賴政府部門修法介入，方能使各式書店公平競爭、多元並存，符合正義原則！

——阿福的書店　蕭文福

開一間書店，不僅是將一疊疊書籍按類別放置歸納，老闆為自家書店散發的存在意義與人客之間互動交往，更是書店人無時無刻務必督促練習的精神學分。倘若是人生真正必須做的事情，放手去做，就一定會傳承下去，書店亦然。

——林檎二手書室管理員　林檎書

這是一場屬於這世代的書店保衛戰，不管書店將走向哪裡，至少我們曾努力，過程很美好，至於結局已然不重要。

——旅人書房店主　Vienn

對於新開張半年的社區型獨立書店來說，未來的路充滿了不安，隨時都有熄燈的準備。讀了這本書後，至少更有勇氣再撐下去了。書店精神永存，經營中與人的互動與故事，是珍貴而且豐富的寶藏，等著愛書人上門一同分享。

——南崁1567小書店　夏琳

優游於書店工作的人大都堅毅、熱情、對書和書店懷抱希望，並且相信：「書生活，即是一種生活態度」；在《書店不死》一書中，我看到許多相同的、令人動容的身影。

——胡思二手書店店長　蔡能寶

這是最壞的年代，也是最好的年代；書，讓人活了起來。

——草祭二手書店／墨林二手書店

支持書店經營的，固然是利潤；成就書店不凡的，卻是傳承文化的熱情。書店不死，只要熱情尚存。

——書寶二手書店創辦人　王懷蜀

他山之石。如果你對「書本」的樣貌，還懷有理想與夢想，找個書店好好閱讀這本書吧！（第三章——特別推薦）

——清大水木書苑　蘇至弘

Tell You A Story～這是書店人一直在做著的事情。所以書店一直都在。但聽故事的人，還在嗎？

——凱風卡瑪兒童書店　陳培瑜

透過看見日本的現況，喚起台灣大眾關注與思考，獨立書店所傳達的獨立精神及堅持的理念，得以在主流文化的洪流裡，看見更多差異與多元性！

——晶晶書庫發言人　楊平靖

每一本書是一個世界，而書店則是打開世界的鑰匙，作者在文字中傾注了滿滿的想法與情感，讀者透過書店自由選擇想要探索的世界。

人不滅，書不絕，傳承人思，書店不死。

——雅博客二手書店店長　楊彩華

一則則翔實、生動、深入的報導，一群幾乎是爲書而生的書人，用熱情、專業打造出多元豐富的書店風景，讓人相信，無論閱讀環境和形式如何改變，書店的存在是絕對經得起考驗，夢想和堅持的力量可以將「書」傳承到下個時代。「書店不死」不是口號，而是愛書人存在的意義和目標！

——舊香居主人　吳卡密

# 序章／驅使她的動力爲何？

「那我們再找時間碰面。」

「好的，晚安。」

我目送原田眞弓那嬌小的身影逐漸遠去後，轉身朝車站走去。這裡是早上六點多的東京池袋，太陽早已高掛天際，耀眼陽光從大樓縫隙射入我的眼簾。

結果……她到底說了些什麼呢？

腦子有些茫然，還沒憶起方才交談的內容，因爲完全沒意識到我們聊了多久，也沒有想寫成文章的念頭，只是漫無目的地聊著。因此之故，我沒問到什麼確切的要點，只是告訴自己別急，按部就班進行就對了。

昨晚與原田眞弓在中華料理店聊到店打烊，後來轉移陣地去ＫＴＶ，但我們沒有唱歌，只是不停聊著，也許是因爲我問的都是些不太好回答的問題。

原田眞弓是位於東京雜司谷一間五坪大的書店，日暮文庫的老闆。原本任職的PARCO

BOOK CENTER連鎖書店，被大型書店RIPRO合併後，她成了RIPRO的員工。當了十六年書店店員後，進入出版社工作，但不到一年便辭職，於二〇一〇年一月開了自己的書店。

書店開張一星期後，我照著明信片上繪的簡單地圖，去了趟日暮文庫。太陽西沉，周遭店門早已拉下，小房間的玻璃窗透出白光，照亮狹窄路面。

我站在外頭窺看，原田眞弓站在櫃台右邊，對面坐著兩個男的，小小的店裡看上去頗擁擠。就在我靦腆地推開門時，只見她掩嘴驚呼，熱情地招呼我入座。

我認得其中一位，他是原田之前待過的RIPRO店長，另外一位則是她之前在PARCO BOOK CENTER時的同事，目前也在東京經營一間小店。

一番寒暄後，我邊聽他們聊天，邊環視店內；小小一間店只有一面牆擺置書櫃，而且每一層都還有空間。

書架上有本以貓咪照片作爲封面的書立在顯眼處，其他還有食譜、穿著樸素高雅和服的女性爲封面的書，以及《生活手帖》、信箋與信封等其他東西。最裡面擺放著小說、非小說類的單行本、文庫等，我十分感興趣地盯著一排書背瞧，水藍色封面是北山耕平的《如雲般的眞實》，橘色封面是新潮文庫版的三島由紀夫，還有高橋章子的《忘了驚訝的時刻終於到來》、《Quick Japan》的試刊號與創刊號，以及最近出刊的幾期；這些都是我家書架上也有的書。而且《Quick Japan》近幾年的封面設計很顯眼，讓周遭的書相形失色不少。

我瞧了一會兒，便坐下來和他們聊天。總之這間書店給我的第一印象就是狹小，老實說還真不習慣待在這麼小的空間。

喝了口她幫我沖泡的咖啡，不由得稱讚美味。

原來如此香醇的咖啡豆是在離這裡不遠的目白台買的，我也是聽人家介紹去那裡買咖啡豆，都是由一位看起來個性有點頑固的大叔負責烘焙。

曾見擺在那兩位面前的白色咖啡杯還冒著熱氣，看來他們也是剛到不久。聊了一會兒後，才知道他們也是初次見面，我這個僅數面之緣的陌生客就更不用說了，所以話題多由原田主導，但體貼的她不會淨說些我們根本插不上嘴的事。

尷尬的氣氛持續了一會兒後，漸漸導向大家都有共鳴的話題。

「為什麼要辭掉出版社的工作，自己開書店呢？」

原田喃喃自語，大概在思索如何回答。只見她沉默片刻後，侃侃而談。

「我那時是想，用微薄的退休金開一間書店不是很好嗎？當然有些人很可憐，連退休金都沒得拿。想想一個在書店工作了十年、二十年的人，卻沒有一間屬於自己的小店，這樣的人生不是很無趣嗎？如果一直很想開書店的這個人能在全國各地展店千家的話，一定能改變這世間，不覺得挺有意思嗎？雖然這個人不見得是我，但不試試就永遠沒機會。」

「看我把自己說得多了不起似的！」原田不好意思地笑著說。

「不，一點都不會！」我腦中不斷反芻她那番話。

基於心中無法割捨的熱情而開的這間小書店，若能在全國各地展店千家的話，一定能改變這世間。

這個理想感動了我的心。

那次在中華料理店與KTV的訪談，是初次登門拜訪後，又過了四個月的事。雖然是請她分享這段心路歷程，但我真正想知道的只有一件事——驅使原田眞弓開店的動力爲何？

販售新書的書店越來越少，根據名爲「ARMEDIA」的民調公司所做的調查報告顯示，一九九二年，日本全國還有兩萬兩千多家書店，二〇一〇年卻降至一萬五千家，但至少比預估的數字稍微高一點。除了部分地區之外，現在街上已經很少看到CD店和文具店了。現在很多行業都隨著商店街的衰敗而逐漸消失，商店大多位於大型購物中心或是車站大樓裡，當然網購興起也是一大原因，只有書店是走到哪兒都還看得見。

然而隨著手機小說與電子書興起，書店扮演的角色已經逐漸走樣，而且走樣的程度越來越厲害。可以確定的是，書店數量還會持續減少。

所以我想知道的是，原田爲何想要挑戰這個夕陽產業呢？

驅使她開店的動力爲何？

當我收到開店通知時，一點都不驚訝，後來在那小小的五坪空間裡聽聞她的理想，便強烈地想查明自己爲何一點都不驚訝的理由。

我與原田眞弓相識十多年；她是書店店員，我是專門報導出版界動態的記者。那時她爲了銷售一套一萬多日圓的商品，在店裡貼上頗爲獨特的宣傳海報。因爲這套「紀念BOX」是某部人氣漫畫的周邊商品，於是她剪下海報上的性感女主角，貼在大模造紙上，然後在美少女的胸部與臀部塞滿棉花，營造立體感，胸口還噴上香水。這般吸睛的妙點子果然爲店裡增色不少，當然這個商品亦十分熱銷。

我不時會去店裡造訪她，問問她目前在促銷哪本書，或是近來書店的情況。隔幾年就會輪調到都內其他分店的她總是忙進忙出，所以有時我們得站著說話。在大型書店工作的人時常得面臨職務調動這件事，原田也不例外，雖然曾被派任到不是很喜歡的商業書區，但她還是不改工作熱情。

大型書店每天都會進大量新書，因此書店人員必須練就一身能夠迅速判斷內容如何，該擺在賣場哪一區的特殊本領，所以我常常聽她分享箇中訣竅。

「先看書名和裝幀，再看目錄，然後抓關鍵字，邊走邊讀三十秒，就能明瞭七、八分了。雖然不好懂的書自然賣相不佳，但也有那種一開始看不太懂卻頗有意思的書，所以會再找時間仔細閱讀。當然也有那種出版社先打過招呼，也先看過內容，確定要擺在賣場某個位置的書。總之，每天早上都必須進行這道流程，而且必須在開箱後十至十五分鐘之內搞定。這倒也不是什麼特別的事，只要是書店店員都會這麼做，不是嗎？」

是沒錯，但我對她那超級專注力，還是佩服不已。

「不過啊，」她喃喃道：「像這樣迅速將書分類、處理、上架，效率高又萬無一失的流程，真的好嗎？總覺得有股歉疚感。」

歉疚感？是對作者？出版社？

還是書呢？應該不只是書，還有很多事吧！

每次去賣場採訪時，原田總是平靜地與我分享她負責管理的新書、自己十分推薦的書，或是近來客人的偏好等。然後每次訪談快結束時，她總會說些不著邊際的話，像是：「總覺得有股歉疚感。」聽到對方這麼說，當然會往不好的方向想。也許有人會覺得她這種說話的方式與態度很幼稚、缺乏自信，但聽在我的耳裡，只覺得這樣的書店店員給人十足的信賴感，所以我很喜歡聽她最後的喃喃自語。

其實我們稱不上熟識，除了採訪之外，幾乎沒什麼機會碰頭，所以聽聞她辭去工作，打算開書店時，雖然很詫異，卻能理解她的決定。

我想原田眞弓的決定，是對書店現狀的一種反抗，而她那不著邊際的喃喃自語，則是期望自己克服現狀的心願，畢竟她十分明白現況的嚴峻。「若能在全國各地展店千家的話，一定能改變這世間。」這句話也蘊含著她不想活在只會緬懷過往的書本世界。

我預感她的行動將與未來有所連結，而且是一股非常大的力量驅使她行動，那是不同於市街與消費結構變化、技術革新等時代潮流，而是每位想透過「書」改變這世間之人的根本存在意義。

不只原田，我在與其他書店店員與書店老闆接觸的過程中也感受到。我常常在想，也許連他們本人也沒有意識到，只是在某種力量的驅使下，擔負著將「書」交到人們手中的責任。

## 驅使她的動力究竟爲何？

# 第一章　勇於挑戰現況的女人

## ——原田真弓一手創立的日暮文庫

原田眞弓於一九六七年出生於茨城縣石岡市。老家是從明治時代開業至今的鮮魚店，專門做外送與生魚片。

「價錢都是看客人狀況隨便訂的啦！有錢一點的就算他五千、一萬，要是經濟狀況差一點的人家，就兩百五便宜賣囉！小地方人們的互動都很親密，譬如我放學要是沒有直接回家，我爸媽肯定早就知道。」

營業中的書店店頭，擺著一塊小巧又醒目的木製招牌，不規則形狀的褐色木板上，用白色字體書寫店名，原來是來自對美術頗有造詣的父親送的賀禮。原田不太好意思地說，父親硬是要送，她也只好收下，言談間可以窺知她是在充滿愛的家庭中長大，可惜原田的母親在她大學一年級時就過世了。

高中畢業後，歷經兩年重考才考上東洋大學的原田，離開故鄉，隻身來到東京。雖然大學時代曾在兩家書店打工，但那時的她尚未確定以此業爲志向，後來是因爲男友打算繼續攻讀研究所，男方家人極力反對沒有固定收入的兩人結婚，原田才決定投身這行。「我胸有成竹地對他家人說，我會去工作，所以他的學費由我負擔。其實我也想繼續攻讀研究所，但爲了讓他家人放心，只好先工作再說，想說做個三年再辭掉。我想做與書有關的工作，想來想去只有書店可行，因爲那時的我覺得出版社是個連獎金都發不出來、三餐難求溫飽的貧窮產業，加上那時位於吉祥寺的PARCO BOOK CENTER給我的印象超好，記得是一九九〇年左右，那時我還在念書吧！在那裡可以找到一般書店很難找到的書，所以我很喜歡位於吉祥寺的這家書店。」

原田於一九九二年進入經營PARCO連鎖書店的ACROSS股份有限公司，目前的PARCO隸屬於經營不動產開發等相關事業的森TRUST集團；雖然AEON集團於二〇一一年入股成爲大股東，但當時的PARCO還是隸屬於SAISON集團。一九六九年接受西武百貨資金挹注的PARCO，於一九八〇年開始經營書店事業，原田喜歡的那家是一號店。後來正式接手PARCO連鎖書店的ACROSS是於一九八九年創立的新公司，集團中還有因爲接替西武BOOK CENTER而聲名大噪的LIBRO。

相較於同樣採連鎖經營方式的LIBRO，PARCO BOOK CENTER極盛時期的店家數只有十四家（直營店十三家，加盟店一家），但資金隸屬於SAISON集團的PARCO，還是保有獨樹一格的「PARCO文化」，連帶的PARCO BOOK CENTER也成了有別於LIBRO的個性書店。一九九四年，LIBRO的母公司將經營層面擴及SAISON集團的便利商店「Family Mart」的同時，俗稱的「SAISON文化」走入歷史，集團再次重整。一九九九年，LIBRO的母公司轉移至PARCO，翌年，PARCO BOOK CENTER因爲書店整併政策的關係，與LIBRO合併。

二〇一〇年，坊間出版了許多本敘述SAISON集團變遷過程的書，像是《SAISON文化做了什麼樣的夢》（永江朗著）、《SAISON的挫折與重生》（由井常彥、伊藤修、田付茉莉子著）等。還有今泉正光、中村文孝、田口久美子等業界知名的書店店員現身說法，出版了《書店風雲錄》（田口久美子著）、《「今泉書架」與LIBRO時代》（今泉正光著）、《LIBRO的書店時代》（中村文孝著）等書，侃侃而談他們在LIBRO的工作經驗，其他還有LIBRO的第一任社長，已故的小川道明也寫了《書架的思想》這本書。

然而這些書都沒有提及PARCO BOOK CENTER。整併前的LIBRO與PARCO BOOK CENTER之間似乎有什麼內幕。奇怪的是，市面上竟沒有敘述關於一號店開業二十年後被LIBRO吞併，連帶店名也消聲匿跡的PARCO BOOK CENTER的書籍，也沒有任何彙整PARCO BOOK CENTER變遷史的書。

就連原田也對自己學生時代流行的「SAISON文化」、「PARCO文化」沒什麼深刻的印象，即便是她喜歡的PARCO BOOK CENTER吉祥寺店，也只記得店裡擺著一排排的書而已，比原田小三歲的我也是。畢竟對於高中時期混澀谷、大學時代混池袋，打工賺來的零用錢先去柏青哥店小賭一番，再去三本一百元的二手書店光看不買的學生來說，販售名牌衣服、擺放著《時尚化新知世界》這般連書名都看不太懂的書的店，根本就不感興趣。

若將原田與我歸爲一類的話，恐怕她會不以爲然吧！

「我之所以選擇就讀東洋大學，是爲了研究印度哲學，那時不但涉獵了許多關於唯識論的文獻資料，還曾研究過梵文，所以最常去的地方就是大型連鎖書店的學術專門書區，或許因爲這樣，吉祥寺那間PARCO才讓我有眼睛一亮的感覺吧！我也曾應徵過大型連鎖書店喔！像是三省堂書店和丸善。記得我去丸善面試時，主動表明自己想進書店工作，結果面試官笑著對我說：『賣書可是賺不了什麼錢喔！四大名校畢業的人都希望被分派到不動產事業部呢！』我想那些傢伙都忘了自己的本業爲何吧（笑）！恐怕那個面試官也是，所以我第二次面試就沒去了。」

剛進入ACROSS的原田被分派到PARCO BOOK CENTER大泉店（東京都・練馬區），一待就是四年。其實大多數新人都是先分派到澀谷、吉祥寺等主力書店，跟著前輩從基礎開始學習，原田卻被分派到人力單薄，馬上就得進入狀況的大泉店。任職第二年，她遇到從其他部門轉調到書店擔任店長的佐藤愼哉，並深受他影響。

「他是個非常嚴格的人，譬如他會要求我們提交漫畫書的清單，命令我們務必採辦齊全，還有每天都要提交預算表，以便確實控管經費支出與業績的盈虧。不只我，所有人都被他操得半死，而且因爲人手不足，我曾同時管理文藝小說、生活實用、文庫、新書等書區，還要管理工讀生的出缺勤，要擔負的責任根本與店長無異。你一定以爲他是那種部屬有困難時，一定會出手援助的好好上司吧？才怪，他是個非常冷漠的人。後來我跟過幾位店長才明白一件事：絕大部分會出手援助部屬的上司，往往不會思考該如何帶領屬下，但佐藤先生不一樣，正因爲他清楚每個人的能耐，才能明確指派每一項工作。我是不知道其他人怎麼想，至少在他底下做事，我從來不曾懷疑自己待的這家店今後發展方向是否正確。」

「不過他眞的是個很惹人厭的傢伙，記得我負責漫畫書區時，因爲弄錯包書用的收縮膜數量，結果一次訂購了兩個月的量，想說大不了下個月不訂就行了，沒想到還是被叫進辦公室。他先詢問上個月的漫畫銷量，然後質問我爲何會犯這種錯誤，又責備我身爲正職員工，竟然沒有精算每個月的銷量與經費，實在有失職責等，就這樣被罵個臭頭。好不容易解脫後，又被他叫進去，要我馬上打電話給業者詢問如何退貨，還要我去便利商店領錢，賠償這次的損失等，總之他講話就是這麼尖酸刻薄，所以那時我眞的很受傷，但畢竟是菜鳥，也只能默默承受。後來我們共事了很長一段時間，他老是提醒我：『不要稍微被客人誇獎就沾沾自喜，人家誇獎的是這家店不是妳，正因爲有這家店，妳才有這份工作，只管默默做好份內的事，好好思考該怎麼培養自己的實力。』也許他覺得我是個頗受教的人，才故意對我說教吧！」

這番話說明原田非常適合書店店員這份工作。入行第三年，她成功推銷所負責的食譜，創下驚人銷量，不但工作能力備受肯定，還榮獲出版社文化出版局頒發的「銷售特別獎」。

「現在這類書可說不勝枚舉，但那時幾乎沒有寫給年輕人看的食譜，每次遇到出版社的人，我都會對他們說：『出版一些女孩子看了會想買的食譜嘛！』因爲是自己的提議，當然會非常努力地推銷囉！記得榮獲那個獎時，我第一次被佐藤誇獎：『厲害喔！挺有一套嘛！』沒想到他會這麼說，那天晚上還興奮到發高燒呢！」

這個獎的確帶給入行才三年的原田莫大的鼓勵與自信，既然能向出版社提案，表示對於工作有著一定的敏銳度，是否曾覺得自己比同齡的同事還優秀呢？

「其實我是個很笨拙的人，一開始負責生活實用書時，我根本對這類書一點興趣也沒有，也沒有買過一本食譜，甚至還想：『既然速食義大利麵的包裝袋上印有烹煮方法，又何必出什麼食譜呢？』花了很長時間才了解自己的工作，還常惹佐藤生氣。後來有一天，我看著成排的書架才突然開竅，領悟到該怎麼擺置重點書、如何上架等，果然應驗了『不經一番寒徹骨，哪得梅花撲鼻香』這句話。」

「重點書的擺置是指如何提升業績嗎？」我問。

「對我來說，提升業績是做好一切的基本功。」原田回答。

「怎麼說？」

「就像有些人只會嘴上嚷嚷，做不出半點成績……後來我被分派到新的書區時，都會先仔細看一遍負責的書區，想想這樣的擺置能再提升五個百分點的業績嗎？」

「大概是抓多久的時間來估算？」我又問。

「大概一個月吧！當然不是說之後便無法持續下去，而是初見書區時的一種直覺，或許是因爲自己比以前有自信多了。」原田回答。

「再提升五個百分點的意思是說，譬如進了某本書，一個月能銷售幾本，增加多少業績所推算出來的嗎？」

「這也是一種，還有就是書種的配置。譬如法式料理書與義大利料理書排在一起，做甜點的書卻擺在另一頭，我覺得這樣的配置好像不太適當吧！我會觀察大部分客人走到這個書區後會從哪裡開始看起，也就是客人的視線，當然平台部分也包括在內。說得簡單一點，要是擺放和食食譜的書區前方平台堆著法式料理書，就會干擾到客人的視線，結果是客人一本也沒買便走掉了。」

「這就是所謂的『死書區』是吧？」我說。

「沒錯。或是法式料理書其實沒那麼大的需求，只因新書設計得很漂亮而擺了一整排，結果成爲一本也銷不出去的死書區。既然如此，不如擺些和食食譜之類，基本上比較好賣的書；當然也要考量書店所在地、客層、時期等因素。對我來說還有一點很重要，就是說服自己爲何這本書不能擺這裡？或是爲何這本書非得擺這裡的理由。不少書店店員都有所謂的職業病，動手往往比動腦、動口來得快，我希望能將這一點轉化成正面的力量；要是自己沒有細想過，便沒有辦法說服自己。後來我轉派到其他書區，這套方法也很受用。」

「這套方法是向誰學習來的呢？」

「我想是佐藤先生吧！毫無書店工作經驗的他被派來當店長，必須和一些資深老鳥周旋，加上兩年後他確定會調回總公司，當然得在這段期間做出一番成績才行，所以他常會思考該如何管理部屬，而且一定要清楚說明每件事情可行與不可行的理由。」

「像是退書、補書之類的工作也需要這般思考嗎？」

「當然，尤其判斷是否退書一事很重要。畢竟現今是個商品多樣化的時代，所以如何淘汰一本書比補一本書的作業來得更重要。」

「也就是說，可有可無的書越多，就越容易淪爲『死書區』囉？」

「明明賣相不佳卻還是勉強留下來的書越多，業績自然無法提升。不過，有時候也會故意擺一些這種書就是了。譬如客人想買一本和食食譜，也會希望多一些比較，不是嗎？」

「或是爲了突顯想推的書，故意在旁邊放些陪襯的書。」

「這種事不好明說吧！要是出版社知道自家的書被那樣對待，肯定受不了。但這也是不爭的事實。我會這麼做，我想很多書店店員也是如此。」

做些能吸引顧客眼光、誘導顧客消費的陳列方式，是很多商店慣用的手法，書店也不例外；架上的每一本書不是隨意擺放，而是一個息息相關的集合體。當然不只這類重點書搭配陪襯書的做法，也會擺上各種能夠刺激顧客購買慾的書。每一家店都有一套行銷手法，譬如設在車站內的書店，因爲多是來去匆匆的客人，所以必須擺些讓人一看就想買的書；若是重視熟客的書店，就會花些心思陳列各種客人會感興趣的書，藉以提升熟客率。

然而最近越來越少看到書店花費這般心思，這與近來多以店員手寫海報推銷書籍的行銷手法有關。這類行銷手法之所以興起，與書店規模化削弱每本書的存在感、書種太多令買賣雙方難以選擇、亞馬遜等網路書店強勢進攻、以及書店店員對於一本書的熱愛等因素脫離不了關係，當然也有書店對於這種強勢主導出版方向的做法相當存疑。總之，懶得花費心思布置賣場，讓顧客無法感受到挑書樂趣的書店越來越多，是不爭的事實。

「畢竟這方法是利用銷售不好的書籍來布置書區，若收到來自總公司、出版社或是通路業者要求優先陳列暢銷書的指示時，便很難就這觀點來布置書區吧！」我說。

「暢銷書本來就是能賣的東西，這點我並不否認。問題是，我不喜歡這種只以業績預算爲考量，搞不清楚書店現況的指示。好比食譜書區若只根據全國前二十名暢銷的食譜來擺置、銷售，這麼做一點也不合理。」原田答道。

「沒有考量到暢銷書排行榜，充其量只是統計各家書店的銷售結果罷了。」

「一本書在全國的銷售情形當然可以作爲參考，但說得極端點，登上全國暢銷書排行榜，並不等於在某家店就會賣得好。」

原田眞弓並非反對暢銷書排行榜的存在，而是認爲每家書店都該保有自己的特色，而不是被這些數據牽著走。

我想起岩波BOOK CENTER（位於東京・神保町）社長柴田信說過的話。高齡八十多歲的他，一直以身爲書店從業人員爲榮，積極捍衛書店的存在。從業界報紙到全國報紙，他不斷運用大小媒體，推銷自己固守的神保町，所以他絕對不是那種好好老先生，是位寶刀未老的厲害高手。

記得柴田說過一句話：「再豐富的商品知識，也無法套用於每一件商品。」

「若只想知道出了哪些書，那上亞馬遜搜尋就行了。書店店員也就沒必要費心了解每一本書，思考這本書的旁邊要擺什麼樣的書，反正一次上亞馬遜購足就行了。但若講求的是獨特性，那就另當別論。就像我會思考如何突顯賣場特色，如何布置每一處書區，這些都是要了解每一件商品、懂得如何打造出書區的特色才做得到。所以要是在我店裡幹了五年、十年的員工突然說要辭職，我會很傷腦筋。培育能在店裡待到退休的人才，這是身爲經營者必須做的事。」

這十幾年來，書店有個共同的現象，即爲了節省人事成本，大多雇用派遣人員或是工讀生擔任書店店員。甚至聽說某間連鎖書店竟然找來約莫二十出頭，進公司才三個月的派遣人員擔任新店的店長。雖然不能全盤否定這般大膽啓用新人的創舉，但對於剛開張的新書書店（編註：日本的書店分「新（刊）書店」和「古書店」，「新（刊）書店」指販售一般出版書籍的書店，是爲和「古書店」，即二手書店區分所創的名詞。本書中出現的「新書書店」一詞，指的便是一般的書店，並非專門賣「新出版的書」的書店）來說，這種做法實在令人匪夷所思。可想而知，這家新開店不可能出現原田和柴田口中的那種「書區」。一旦這種連鎖書店越來越多，達到飽和狀態時，接下來就是倉促撤店與裁員。事實上，有幾家書店目前的經營狀況便是如此。

柴田的經營理念與這些書店的經營模式完全不同，但也無法證明他的理念百分之百正確。

「其實我們的工作也有些小小的樂趣，應該也有人有此同感吧！」原田說：「每次打造出自己很滿意的書區後，就會偷偷地想：這樣應該會吸引客人的目光吧！像這樣全心全意投入工作的感覺，眞的很棒。」

當我問她能打造出「有賣點的書區」與缺乏這等能耐的人之間究竟有何差異時，原田雖然花了很長的時間解釋，卻說得很迂迴，只是再次強調這是個銷售量決定成敗的世界。

「書店店員打造書區的方式，大略分爲『完整型』與『捨棄型』，這就是一種差異吧！譬如負責的是日本小說書區，基本上前者會按照作家名字的字母順序擺置，好比有兩本伊坂幸太郎的小說不用上架，也會找其他作家的作品補上，讓架上隨時保持排滿的狀態。『捨棄型』的則是一旦認爲該推伊坂幸太郎的作品，就算是其他店不太推的作品，也會全數上架，這麼一來就會排擠掉其他賣相更好的作家，免不了遭店長數落。這樣的人通常比較強勢，不太在乎別人的意見，表現也是屬於大起大落型，不過若能搭上潮流趨勢，往往能打造出讓人眼睛一亮的書區。『完整型』多屬於乖乖聽命行事的人，『捨棄型』則是行事風格比較自我的人。不可否認的是，後者要是無法取得周遭人的理解，往往較容易失敗。」

我想這是原田在書店任職期間，尤其是二〇〇〇年PARCO BOOK CENTER被LIBRO吞併後的經驗談吧！隸屬SAISON集團，一九九九年十二月成爲PARCO子公司的LIBRO，之後又因爲PARCO被森TRUST集團收購，正式脫離SAISON集團，PARCO後來也朝百貨業擴大發展。二〇〇三年，日本出版販售（日販）買下LIBRO；日販不但是最大的出版經銷商，也是LIBRO最主要的客戶。可想而知，在總公司不斷易主的情況下，身為第一線的書店也會受到各種影響。

原田曾說自己待在LIBRO的那段日子，是自我成長最顯著的一段時期。任職PARCO BOOK CENTER的八年時光，除了前面提到的那本食譜之外，原田還打造過好幾本暢銷書，也發掘過幾位默默無名的作家，但真正贏得出版社業務員等相關人士的好評，卻是在任職於LIBRO的後八年。

成為LIBRO一員的原田，曾被派任到池袋PARCO店、池袋總店、澀谷店等主力店。任職澀谷店時，她還曾以本名在免費贈閱的刊物上發表書評。原田也會主動向別人介紹她目前手上正在力捧的書，或是介紹一些有趣的書，從中培養自己的說話技巧，自然吸引更多人登門請教。

我還記得那時聽到她說自己之所以那麼積極地上媒體露面，不是為了博取個人名聲，而是為了打響自己工作地方的名號時，我實在無法認同，因為感覺原田眞弓不是那種討厭出風頭的人，為何她會有如此謙遜的想法呢？是受到前上司佐藤的影響？還是她本來就是個低調的人？

其實風光的背後所面對的，是我們難以想像的窘境。我想與她一樣有很多露臉機會的書店店員，也有此煩惱吧！不但得承受老闆、同事的嚴苛目光，還會莫名其妙地遭人惡意攻訐，甚至淪爲出版社「推銷新書」的道具。在那「教主級書店店員」的名號遭到濫用的時期，這樣的事情可說層出不窮，當然現在也是如此。

記得曾在仙台某間大型書店看到一件令人嫌惡的事。由知名出版社舉辦的文庫書展，立了一塊宣傳標語，上頭寫著：「全國教主級書店店員推薦的一本書」，並排著十位左右的書店店員大頭照，手上各自拿著這家出版社出版的一本書。我覺得這種由出版社主導的宣傳手法十分可笑，也是一場非常差勁的賣場演出。書店店員不該被局限在既定的框架中，既然要他們跳出來宣傳，就該讓他們能自由挑選自己喜歡的書、推薦他們喜歡的書，不該限定他們只能從這套文庫系列中挑選。後來這個宣傳活動並未擴展到其他地方的書店，想必是因此招來不少負面評論的緣故。

雖然不少被稱爲「教主級書店店員」的人也和原田一樣，辯稱自己並非因爲愛出風頭而上媒體，但其實會這麼想的人並不多，畢竟嘗到成名的甜頭，況且書店店員的工作環境與薪水實在稱不上優渥。

雖然我不喜歡「教主級書店店員」的稱號，不過倒是挺樂見書店店員藉由「書」，闡述自己對事物的看法。就像地方上受人崇敬的醫師與老師，小書店的店老闆與店員也能成爲當地人們的精神導師。以往書店確實具有這種基本功能，那現在這種功能是否還存在呢？

當我這麼侃侃而談時，原田只是曖昧地回應：「是啊！一家店要能匯聚人氣，必須提升店的知名度與魅力，所以我提出的受訪條件就是允許說出任職的店家名稱，希望多少能招來一些客人，也希望對方能明白我的用意。」

記得那時我對她的這番說法還是覺得有些矛盾。明明她在解釋自己上媒體露面是爲了「幫書店打知名度」，但我的話題卻不知不覺導向：「書店店員究竟是一份什麼樣的工作？」

這和我原先想探討的事完全不一樣。莫非常上媒體露面、打開知名度，是促使原田眞弓起了創業念頭的契機嗎？

於是我問：「是在LIBRO的那段時間讓妳萌生想做點不一樣的事情，獨立創業的念頭嗎？」

「我離開LIBRO那時，根本不曾動過這樣的念頭，應該說打死都沒想過自己會開店當老闆吧！」

「那爲何離開LIBRO之後，又進入出版社工作呢？」

「只是覺得自己在LIBRO已經沒有可以發揮的地方了。想說進入出版的源頭，也就是出版社試試。雖然結果只待了十個月左右，但我那時眞的沒想到自己竟然那麼快就放棄。」

「也沒打算跳槽別家書店，是吧？與其說是離開LIBRO，更像是告別十六年來的書店店員生涯。」我說。

「即使對公司有著很深的感情，也會有不滿。我想只要是離開待了很久的工作崗位的人，都會有這種複雜的心情吧！畢竟累積了許多東西。感覺自己在LIBRO的那八年，一直重溫著泡沫經濟時代的感覺，無論是打造書區的訣竅、還是發想讓書賣得更好的方法，基本上都是因襲泡沫經濟時代那時學到的經驗。問題是，這麼做很無趣不是嗎？我想之所以離開的原因，還是因爲很難再有施展身手的地方吧！也就是在LIBRO成爲日販的子公司之後，日販充分掌握各家書店的訂購數量與庫存那時，我便萌生辭意。」

二〇〇〇年代，身爲經銷商，同時也是書店主要客戶的日販與東販引進所謂的POS管理系統（point of sale system，銷售時點情報系統），即強化他們與書店之間共享的情報系統，像是庫存資料、銷售資料等，期望能有效減少無謂的進書量，抑制退書量，徹底解決出版物流體系長年來的弊病。但前提是，必須確立一個能正確、迅速掌握這些資料的體制。

因爲出版品的物流體系一直都停留在「書店賣不掉的書可以退回」這種委託銷售的模式與慣例，以致書店平台上的書，絕大多數都是「不擺擺看怎麼知道賣不賣得動的書」，不然就是「銷不太出去，起印量又少的書」。雖說這類慣例也是書的一種商品特性，但換個角度想，這類的慣例似乎遭到惡意濫用。

譬如出版社爲了求帳面好看，拚命出書，但這些書若是銷不出去，下場就是退回。出版社從經銷商手上拿到的書款，必須扣除退書的金額，這一加一減的結果，就是讓出版社陷入赤字危機，只好再多出幾本塡補缺口。這種無視市場需求，拚命出書的結果，導致退書量越來越大，最後陷入惡性循環，迫使出版業更陷窘境。

書店則是以另一種方式利用這類慣例。因爲書店付給經銷商的進貨金額還要扣除退書量，爲減少進貨支出，他們當然會積極退書。就連非業界人士的我也曾親眼目睹書店老闆不是對員工說：「這本書賣不掉，退掉吧！」而是指示：「這次要拿回五百萬！」可見書店爲了降低進貨成本而退書，儼然成了理所當然之事。

對於周旋書店與出版社之間的經銷商來說，這無疑是一種變相的霸凌行爲，甚至還會增加無謂的成本支出。經銷商將不太可能銷掉的書送至書店，果然如預期大量退書，只好再送回出版社。在這新書市場不斷擴張的時代，因爲總業績增加的關係，多少能吸收退書造成的成本壓力。一九九〇年代的出版市場持續走下坡，這種陋規惡習卻依舊存在，無謂的進書、退書作業所產生的成本，無疑擴大了經銷商的經營危機。

根據出版科學研究所的調查顯示，經銷商一年經銷的新書總數，在一九八二年爲三萬本，一九九五年超過六萬本，目前則高達七萬到八萬本。經銷商爲了因應如洪水般襲來的新書量，只好不斷增建倉庫。隨著倉庫規模擴大，經手的書量增多，諸如管理費之類的成本，也就跟著提高。

若一開始就覺得這本書賣相不佳，拒絕經手就好了，我想一般企業應該都會如此處理才是，但背負著經手各類書籍使命的經銷商卻無法這麼做。即便只是少了一本書的進書量，看準這本書「肯定賣不好」，還是要視爲客戶（出版社）的新書，全盤接納。日本的經銷商屬於私人企業，不單是以企業的損益來經銷每本書，也擔負著支持國內出版文化的重責。「書」既是商品，也是一種文化財，正因爲經銷商承受了這種矛盾，才能讓日本的出版業維持世界上難得一見的穩定發展。

經銷商深感要是再不追求效率化，出版物流體系就會陷入空前危機，於是引進所謂POS管理系統，雖然能有效掌握各書店的業績與庫存量，卻無法再承受那種矛盾。相較於其他業界早已進入製造商、批發商、零售商共享情報的時代，出版業界的起步，著實落後許多。

原田坦言，引進這種系統是導致她越做越無力的最大原因，而且有此困擾的不只她一個，也有書店拒絕引進POS管理系統。

原田表示有種不被尊重的感覺。

「我這邊做什麼，其他地方馬上知道，有種什麼事都不明說，不被尊重的感覺，當然做得越來越無力囉！像是澀谷店因爲位於所謂的流行前哨區，比較敢擺置些還沒什麼知名度的商品，即便是已經遷移至車站地下街的Book 1st澀谷店也是如此。我在打造書區時也會面臨同樣的挑戰，畢竟當大家還不曉得這本書多麼有趣時，當然得花點時間賭個勝負。於是在不斷調整擺置的地方、擺置的方式中，這本書漸漸被客人注意到，逐漸打開知名度，這是我培育一本書的方式。但自從日販能隨時掌握訂購數量與庫存量之後，往往一本書還在培育階段中，便忽然一下子打開知名度，搞得蔦屋（TSUTAYA）和其他鄰近地區的書店也注意到這本書。最叫人不爽的是，我們還是從跑遍全國各地的出版社業務員口中得知這種事，上頭的主事者從沒提過隻字片語，而且會這麼做的都是透過ＰＯＳ管理系統與日販往來的書店。」

「也就是說，假設原田小姐負責的書區有哪一本書賣得不錯，只要是與日販往來的書店都能拿到第一手資料，共享資源。好不容易挖掘出來的一塊璞玉就這樣被迫與別人共享，想想眞叫人洩氣，是吧？」我說。

「洩氣啊……的確是有這樣的感覺啦！我是個喜歡讓別人驚喜的人，最喜歡別人問我：爲什麼這本書能賣得這麼好？可以教我怎麼做，才能做出這樣的成績嗎？說穿了只是想滿足自己的慾望罷了，畢竟做出這本書的是作者和出版社，所以我想獨占的心態實在可笑。況且要是我一味獨占的話，就沒辦法讓更多人認識這本書。問題是，在地基尚未打穩，還沒成爲強勢商品的情況下，一味暴衝只會落得被消費殆盡的下場。」原田回答。

「況且苦心經營一本書的人，和只是看別人賣得好，也有樣學樣跟進的書店，我想推銷方式也不一樣吧！」

「我想最近掀起的『森林系女孩』風潮就是一例吧！其實只要換個觀點，就會發現感覺很自然風的女孩以及這類穿著打扮，早就流行過了，只是很多人都不曉得罷了（笑）。我一開始也覺得出版這本書的出版社頗有創意，只要找到魅力點，花點時間是可以做起來的。沒想到一下子就暴衝開來，連全國各地的蔦屋也在推這本書。現在連出版社也拿得到相關銷售資料，於是各家出版社紛紛推出『森林系女孩』的書，簡直到了匪夷所思的地步。事實證明這種瞬間被消費的書，往往連腳步都還沒站穩便敗下陣來，其實只要有計畫地推行，聯合澀谷附近的服裝店，一定能激發出各種火花。」

原田還記得，「咖啡書」風潮是花了三年時間才慢慢孕育出來的，但MAGAZINE HOUSE出版的《ku:nel》之類的「生活風格」雜誌，才短短三個月便蔚為風潮，實在有些急就章。後來「森林系女孩」也後繼乏力，其實若能慢慢培育的話，或許這樣的風格能流行得更久一點。

近年來，經銷商甚至會依據書店銷售情況以及顧客購買資料，向出版社提出版企畫，再採大量進書的方式，將自己提議的書配置到各家書店。書店針對這樣的做法也擬定了一套規則，那就是退書少的話，給予獎勵；退書多的話，課以罰金。有人認為這麼做不但能有效排除無謂的成本浪費，還能鞭策老是做不出暢銷書的出版社，以及業績始終提升不了的書店，甚至有人讚許這種反其道而行的流程，讓出版界總算有了革新的動力。

然而正面評價的背後，多的是和原田眞弓一樣失去熱忱的書店店員。某天，充滿憤怒與失望的原田忍不住向某經銷商的部長抱怨，卻得到這樣的回應：「身為同業，只能說引進這種系統的日販，確實很有一套。」

「我明白這對書店店員來說，無疑是一大衝擊。好不容易發掘的東西，馬上被消費殆盡，確實是個問題。但現在不是批評的時候，只能以提升銷量為考量，不斷挖掘能賣的商品。因為無論是經銷還是書店，都處在不容片刻猶豫的空前危機中，所以我認為日販的判斷是正確的，畢竟這世界已經失去了活力。」

因為身為物流業者的某家經銷商開始插手商品政策，以致全國書店的陳列方式千篇一律，這麼做真能刺激銷量嗎？難道不會導致書籍世界失去自由，變得無趣？我想應該不少人都有此疑慮，但大多數人卻認為這樣的趨勢無法避免。若放任不管，支撐出版物流體系的基本機制，只有崩壞一途。然而經銷商就是仗著這種危機意識，讓身處此一物流體系中的人無力反駁。

原田真弓便是其中之一。她清楚記得自己花費心思布置的書區，還來不及開花結果就被無情系統侵蝕的憤怒，沉痛地看清整個出版物流體系，已經無法再留住像她這樣的書店店員。

經銷商繼續扮演出版社與書店之間的橋梁，維持出版市場的發展。哪裡要補多少本書？哪裡的量要減少？錢從哪裡來，又要流向何處？即便有人從中得利，有人被迫忍受，大多數人還是依附著種種不合理，掙扎地活下去。最可嘆的是，偏偏掌權的，多是些看不見關鍵問題的傢伙，認為這個黑洞是必須存在的惡。

這是個就連被稱為權力者的人也難以施展身手，徒嘆奈何的時代。但還是有些人覺得自己不該隨波逐流，屈服於現實。他們試圖重振新書市場的決心，著實令人敬佩，因為他們深知針對當前出版物流體系所做的改革措施，以及跟隨其後的出版社與書店所走的這條路，是一條扼殺「書」，扼殺懷著滿腔熱情、希望能用自己的方式將「書」交到讀者手上之人的險途。現今出版市場不該一味講求效率化，更該思考如何確保書種的多樣化，並支持有此理念的人。

促使原田眞弓離開LIBRO的導火線，就是公司從兩年前開始要求所有員工每年都要提交「年度目標」一事。原田說她第一年還能勉強應付，第二年就實在不知如何下筆。她不滿爲何資深員工也要被迫做這種事，更重要的是，發現自己已經沒有目標可言。

「當然也可以忍一下，隨便寫寫交差，但我卻很認眞地思考。雖然佐藤說過賣多賣少憑的是自己的實力，但身爲公司一員，多少還是有些顧慮，畢竟比起無視總公司與上司的指示，率性而爲，還是做個乖乖牌省事多了。我不是那種個性十分強勢的人，即使覺得不對，很想反駁，還是會設法說服自己妥協，照著上頭的指示去做。但心裡始終有所質疑，質疑自己再這麼繼續下去，究竟是爲了什麼？對自己，對公司，也許對客人來說，我這麼做是不是錯了？」

「意思是，妳希望將値得推薦的書，以比較有意義的方式送到客人手上囉？」我問。

「至少對我來說是如此。也許有人覺得這麼做只不過是在自我滿足，或許在別人眼中看來就是這麼一回事。」

原田坦然表示，一方面也是因爲離婚恢復單身的關係，比較沒什麼後顧之憂。如她所言，之所以辭職是各種因素累積的結果，絕對不光是出於一時的衝動與反抗。姑且不論資歷尚淺的PARCO BOOK CENTER那八年，原田眞弓任職LIBRO的八年期間，從來沒有被拔擢升任店長。雖然到現在還是有以前的同事因爲仰慕原田而造訪日暮文庫，但我想公司對她的評價可能不太高吧。

不過，我感興趣的並非公司如何評價原田眞弓這個人，因爲這種事沒有任何標準可言。每次我造訪書店時都會問她：「有沒有什麼推薦的書？」或是「有沒有哪一本是妳看好能成爲暢銷書的書？」她從來都不回應。我想這就是對書有熱情與對書絲毫沒有熱情的店員之間，再明顯不過的差異。因爲她一直爲自己對工作的堅持，與出版物流界興起的風潮相悖一事苦惱不已。只要繼續待在大型書店，每天都可以接觸大量新書，但她卻決定捨棄這項特權，離開與自己格格不入的世界。我想當時除了周遭唱衰的聲音之外，她的內心一定也經過一番掙扎。但對原田眞弓來說，辭職並非終點，而是另一個開始。

原田於二〇〇八年離開LIBRO，隨即進入當時正在徵才的MARBLETRON出版社，擔任跑書店的業務員等工作，但只待了短短十個月便辭退。原以爲從書店轉戰出版社，便能脫離束縛自己的機制，其實不然。就在這時，讓她下定決心開間書店的機會突然到來。

肇因於她與往來堂書店（位於東京．千馱木）的店長——笈入建志的一番談話。開業於一九九六年，店面約莫二十坪大小的往來堂書店，在第一代店長安藤哲也高喊「重振市街書店」，強調唯有小書店才能包容各類書籍的特色後，成功打響知名度。安藤退休後，由原本任職大型書店的笈入接掌，除了備齊熟客愛好的書籍種類，重視與地方互動等一貫特色之外，也開始進一些暢銷書，強化書店的實力，並與鄰近二手書店等店家一起推行名爲「不忍書街」的活動，成爲日後全國各大都市以地方爲單位舉辦書街活動的始祖。

「記得我們好像是在一場讀書會上認識的吧！那時我嚴詞抨擊目前的經銷模式，批評這樣的做法會害死書店。結果你猜怎麼樣？笈入先生突然冒出一句：『妳這是經營小店之人的想法吧！既然如此，乾脆自己開間書店不就得了。』那瞬間，我竟然心想也許可以試試。雖然我不懂什麼經營之道，也明白這事沒那麼簡單，但不試怎麼知道不行？於是趁離職金還沒用光，開始準備開店事宜。」

聽到笈入那番話的隔週，原田辭去出版社的工作。二〇〇九年九月離職，十一月決定開店的地點，十二月架設部落格，釋出準備開店的消息。原田離開LIBRO時，完全沒想過開店的事，當初進出版社時，也是抱著大概做個三年就走人的心情。那接下來要做什麼呢？「也許開間自己的店」這個念頭，一直沉潛在她心中。

「當初決定店開在哪裡，是有基於什麼考量嗎？」我問。

「我希望能開在商店街，最好附近還有風評不錯的二手書店，正因爲是開在各種店都有的地區，所以有個能夠互助合作的同業，是非常重要的事。當然租金是否合理、如何維持收支平衡等都是重要的考量。再來就是離郵局要近，畢竟小書店不做郵購，是很難經營下去的，況且要是我出去寄貨，就沒人看店，所以也不能離郵局太遠。」

「所以妳一開始就打算一個人做囉？」

「呃，一開始是這麼想沒錯啦！打算什麼都自己來，不花錢請人。反正店才五坪大，這裡放些書，那裡放些雜貨，大概估算一下會有幾位客人上門。」

「那有估算一天的目標營收大概多少嗎？」

「至少八千左右。這樣的話，應該還勉強撐得下去……我是這麼估算的。」

扣除每星期二爲公休日，日暮文庫的月營收目標至少要二十萬日圓左右。不過因爲商店街都會定期舉行周末青空市或祭典活動，也會聚集許多愛看書的客人，有時原田亦會參加其他地方舉辦的書街活動，加上當初就有規畫的郵購業務也開始進行，甚至還參加亞馬遜市集活動。若將這些加總計算的話，估計能增加五成的業績。但即便月營收三十萬日圓，也極有可能陷入赤字危機，因爲光是每個月的店租，就要六萬日圓，雖然已經很便宜了，但還要加上進貨成本、水電費等固定支出，以及離店面走路十五分鐘可達的住居房租等，可是一筆不小的負擔。

「其實我從來不覺得每天營收八千日圓能勉強撐下去，只是既然決定了，就只能堅持下去，總之先給自己一年的時間，畢竟這五坪大小的店和我之前工作的地方根本無法相比，所以估算什麼營收目標也沒什麼意義吧！」

「店名有什麼意義嗎？」我問。

「有，就是日常生活，從日常開始做起的意思。」

結合二手書、新書、雜貨是一大特色。以一般專賣新書的書店來說，銷售額扣除進貨成本的毛利，大多爲定價的二一％至二三％左右。若以每月營收二十萬日圓計算的話，實際收入只有四萬日圓左右，營收三十六萬日圓也只有約六萬日圓而已，就算當作副業經營也很辛苦。但原田的經營策略是直接向出版社進新書，並採買斷的方式，不透過經銷商，也就免去中間的剝削，能談到更好的條件。然後再搭配買賣二手書，便能有效掌控整體獲利。

但不管怎麼說，營業額還是不大，所以想不勒緊褲帶生活都不行。原田也只能先辛苦地撐過第一年，待累積了一些經驗之後，第二年再來調整經營方向。

原田從開店前一個月開始，在個人部落格上分享了很多繁瑣的準備經驗，可做爲日後想開書店的人參考。書店正式開張後，部落格上會介紹進貨的書與雜貨，還會上傳她與作者暢談作品魅力的訪談與照片。雖說這方法不是很有新意，但每一篇短短的介紹文中，都能讓人感受到她想讓大家更了解每一本書、每一件雜貨的用心。

「比起在大型連鎖書店工作的那段時期，是否覺得現在更能用心對待每部作品，用自己的方式將作品交到客人手中呢？」

「是啊！的確如此。」

沒想到她的回應比想像中來得平淡。

用心對待每一本書，用自己的方式將每本書交到客人手中的書店。從她的言談與部落格文章，不時嗅得到這個簡單、卻不容易堅持的理想。因爲此刻的她，正陷入不得不對抗「夢想與理想不能當飯吃」的一般論。

可是，現在不也有很多人懷抱著與原田一樣的理想嗎？正因爲無法保證「現實」是否安穩，所以越來越多人勇於實現理想，無怨無悔地朝著「理想」邁進，開間屬於自己的店。然而終歸還是處於夢想階段，因爲就連原田眞弓，也無法保證自己的店是否能永續經營。

書店該何去何從？今後書店的型態又會變得如何？面對我這俗氣又模稜兩可的問題，原田眞弓回道：「要是知道的話，就沒必要做了。畢竟大部分事情都是因爲不曉得答案才做的，不是嗎？」如此強而有力的眞理，瞬間掩藏了憑著一股衝動而搖槳的小船，那股無奈的不安感，展現堅強的一面。

促使原田眞弓創業的動力究竟爲何？

和她道別後，獨自走在早晨的池袋大街上的我，還是不太能認同自己最想知道的答案就以這樣的方式做出結論。原田眞弓本來就是一位充滿熱忱又優秀的書店店員，透過這番晤談，不但分享了她一路走來的心路歷程，也更了解整體出版現況。

原田有理由與現況對抗，但我不認爲這理由足以讓她創立日暮文庫。她希望能用自己的方式將「書」交到客人手上的訴求，應該與人類最根本的慾望有關，有著更大的什麼在支持她才是。

這就是我一直以來最想確認的一點。

對於像她這種勇於向書市逐漸委靡、書店不斷式微的現況對抗，努力在自己的天地裡以最眞誠的方式將「書」交到客人手裡的人，我無論如何都要給予支持和鼓勵。我只想對她說：「妳正在做一件非常了不起的事，也將成就不凡的自己。」

# 第二章　敢於批判的男人

## ——淳久堂書店・福嶋聰與「電子書時代」

電子書的發展瞬息萬變，短短幾個月可能又是另一番新局面。在這連檢驗的時間都沒有，只能被潮流推著往前走的勝負世界中，造就出許多人才。雖然對從事這領域的人抱持敬意，但也有很多人認為這場瞬息萬變又渾沌的新型態市場變革，連卿指觀望的價值都沒有。

然而，隨著iPad與Kindle等電子閱讀器的推出，「電子書世代」這字眼廣為流傳的二〇一〇年會是什麼樣的局面？又將如何發展呢？

再者，對於書店會產生什麼樣的影響呢？

二〇一〇年七月，當我得知淳久堂書店難波店的店長福嶋聰有一場以「紙本與電子書」為題的演講後，特地去了一趟大阪。

福嶋聰著有《書店人的工作》（一九九一年出版）、《書店人的心》（一九九七年出版）、《作為劇場的書店》（二〇〇二年出版）、《希望的書店論》（二〇〇七年出版）等四本作品。其中《希望的書店論》是結集從一九九九年開始連載於人文書院出版社網站的專欄「書店與電腦」的文章。因為專欄尚在連載中，看來還會結集出版第二本。畢竟從以前到現在，還沒有身為書市銷售的第一線人員，像福嶋聰一樣能夠長年撰寫、評論書店現況。

市面上越來越多由書店店員、書店老闆撰寫論述「書」與「書店」的書。要是蒐集齊全的話，恐怕一座大書櫃都塞不下。然而大多數都是只寫了一本就沒下文，而且內容不是說哪一間書店極富魅力，就是讚美某位書店老闆或是店長的能力與人品，再不然就是大談自己的人生、任職書店的經驗或是相關理論。

至於著作超過兩本以上的人，也就是因爲第一本頗受好評，出版社希望再出第二本的人，像是《無論晨昏，書店的眞正心聲》（一九九九年出版）、《不久之前這裡不是還有間書店嗎？》（二〇〇四年出版）這兩本書的作者高津淳（筆名），還有《書店風雲錄》（二〇〇三年出版）、《書店繁盛記》（二〇〇六年出版）、《書店店員的貓日和》（二〇一〇年出版）等書的作者田口久美子（目前任職於淳久堂書店），都是具有長年在書店工作的經驗，文筆也有一定水準的作者。若是拿掉描寫書店的部分，也有像是紀伊國屋書店的創立者田邊茂一那樣，留下許多隨筆散文的人。此外，也有不知該歸類哪個範疇，像是出久根達郎這類邊經營二手書店、邊創作的作家。當然也有任職於書店，持續書寫文學論等評論文章的研究者。

福嶋聰不屬於上述任何一類，雖然他也有超過二十年以上的相關經歷，但他的著作不是說些經驗談，也不是回憶錄，更非隨筆散文，而是邊在書店工作，邊以書店爲研究對象，然後將觀察的結果發表成文章。像他這種「以新書書店銷售人員的觀點研究書店」的立場，雖然稍嫌狹隘，卻是別具特色的分野，至少在經由長年觀察所寫成的眾多著作中，至今還找不到類似的作品。

如同原田真弓所言，書店店員一向是手動得比嘴巴還快，而且多是職人個性。他們以自身經驗爲基礎，具有一套自己的工作觀，對於「書」的物流體系、銷售現況自有一番見解。

但根據我多年來的採訪經驗，這些所謂的職人每次一開口，不是抱怨工作多麼辛苦，就是吹噓自己多厲害，不然就是大肆批評現況、嘲諷某人目光短淺、批評某間書店不行了、同業根本不懂得怎麼賣書，當然我想他們也是肚子裡有點東西才敢批評。但也會有很想請他們閉嘴，奉勸他們不要把自己說得有多麼偉大的時候，但沒在書店工作過的我，總是話到嘴邊又吞了回去，畢竟誘使他們說出這些刺耳話語的人就是我，至少我不開口問，他們應該會是那種默默工作的職人。

說得極端一些，每家書店都在賣同樣的東西，販售由作者創作、出版社製作出來的商品。正因爲是如此不具原創性的工作，所以才要誇說自己有多麼與眾不同。每次見到他們表現出這種微妙心態時，我的心情就很複雜。然而與福嶋聰談話時，我竟然完全感覺不到這種心態，因爲他總是以非常客觀的角度，探究什麼是書籍、什麼是書店、什麼是書店店員應盡的社會責任，所以他說出來的，是不帶任何偏見、炫耀的詞彙。事實上，他也是個不斷努力汲取新知的人。

福嶋聰於一九五九年在兵庫縣出生，畢業於京都大學文學院哲學系，任職書店之前，曾加入劇團。他在三十二歲那年出版了第一本著作《書店人的工作》，從那時開始，他便針對書店導入POS管理系統一事，提出出版物流體系的改革方案，也對書店該有的姿態，表達個人的看法。在職人當道的業界，一個資歷還不到十年的半熟新人，竟然大膽地抒發己見，堪稱思慮早熟又有膽識。福嶋對於這件事的解釋是，那時是出於對比自己年紀大上一輪的團塊世代，即全共鬥時代之人的一種反抗心態。

從那時起，他對於「書」與「書店」今後該如何發展的議題主張始終都很敢言，譬如福嶋曾批評一直以來都是仿照一般零售業者，單憑商品回轉率就論斷一本書、一家書店業績如何的做法是不對的。

> 顧客只要在店裡看到自己喜歡的書，就會認定這家書店不錯。問題是，他早就買了這本書，所以也不會再買。但顧客有可能期待在自己覺得不錯的這間書店找到其他有趣的書，所以會想來逛逛，購買其他的書。若書架上完全不考慮擺上這些可能會對店裡業績有所貢獻的書，只會讓書店成為一處無趣的空間。
>
> 託這本書的福，應該能夠連帶促銷幾本其他的書吧！（摘自《書店人的工作》第三十四頁）

拜讀完福嶋的四本著作，深切感受到他對「書」的基本態度始終如一。他不光只是埋首做研究，也會持續發表文章批評當前的物流體系與銷售現況，這是我對福嶋聰的印象。

我想福嶋之所以能堅持下去的原因，與他任職於淳久堂書店有很大的關係。總公司位於兵庫縣神戶市的淳久堂書店，二十年來不斷擴展，成了知名連鎖書店之一。包括福嶋過去擔任店長與副店長的店，淳久堂每每開設的新店，一定是眾所矚目的焦點。身處這個競爭白熱化的業界，能夠生存下來的書店，無疑是贏家。淳久堂的這個環境不但能確保他繼續從事實地考察的研究，而且待在這個與書店規模化、開店競爭等各種議題都有相關的場所，應給帶給他不少刺激才是。淳久堂不是那種店頭只放暢銷書，也不是單憑銷售成績決定是否上架的書店，這與福嶋的理論與實踐是一致的。

淳久堂書店於二〇〇九年成為大日本印刷的子公司，現在則是與過往書店業績執牛耳的丸善整併，加上以神奈川為據點的大型連鎖書店文教堂，大日本印刷旗下的書店集團規模，堪稱全日本最大。其實我對淳久堂今後將如何發展並不感興趣，反正這類連鎖書店未來的發展方向，不是力求提升市場占有率，就是搶奪新霸主的寶座。

其實我關心的是第一線人員的未來。無論是淳久堂、丸善、還是文教堂，那些對工作抱持熱忱的書店店員，他們今後該如何走下去？該怎麼做才能繼續用心對待每本「書」？當然身為知名書店店員，也是公司一員的福嶋聰，也必須面對這個問題。

在《書店人的工作》這本書中，有提及與病魔經過一番纏鬥後，毅然辭去汽車公司的工作，在神戶市內開了一間只有八．五坪大的書店，直到去世之前，當了不到十年書店老闆的福嶋之父。深受父親影響的福嶋，隨時提醒自己即便任職大型連鎖書店，還是要和在街上開間小書店的父親一樣，用心對待每一位客人、每一本書。

也許我本來就是個討厭被限制的人吧！「我們不進這種書」、「我們店裡不擺這種書」，這種態度著實令我厭惡。（摘自《作爲劇場的書店》第一百七十三頁）

從之後的幾本著作，也能嗅到他不想因任職於大型連鎖書店這種封閉的環境裡，而讓自己看待事物的觀點因而受限的態度。大多數人都習慣由自己的立場判斷事物的成敗，那些對現況抱怨不已的書店店員也是，被所處環境限制了觀點。福嶋所寫的文章，免不了讓人聯想到是不是在影射淳久堂，至少越來越有這種感覺。然而每次讀他所寫的東西，就會對於只會出現在以「書」作爲商品，也就是書店這個地方的人與事，產生莫大興趣。

我還記得自己對於福嶋聰研究了國內外各家公司推出的電子閱讀器，然後提出電子書可能於二〇一〇年正式滲透出版業界，因此應該回歸原點，重新思考紙本書的優點爲何的這種主張十分感興趣。之所以說重新思考，是因爲他在《書店人的工作》這本書出版的一九九七年前後，便已經提及CD-ROM等多媒體產品和網路的興起與「書」之間的關係。

包括利用電腦與手機閱讀等相關電子媒體，興起於二〇〇〇年前半段，但主張「紙本書還是書市主力」的「守舊派」勢力依舊強大。因此二〇一〇年爲「電子書時代」的說法，絲毫沒有落伍的疑慮，反而促使大家更積極地面對這種新閱讀型態，思考如何改變經營方針以因應這股潮流。只是電子書目前尚不成氣候，因此對滿懷開拓者精神的經營者來說，這是一項捨我其誰的閱讀革命，但對追隨者而言，卻是陷入進退維谷的窘境。

正因福嶋深知自己幾年前的主張被外界誤解爲「走回頭路」，所以他在論述「紙本書的優點」時，是抱持著「就算再怎麼嫌惡電子書，也不否定它持續進化的事實」，我想這也是他在思考「書店究竟是什麼？」的一項素材。對福嶋來說，作爲自己的工作環境，也是研究對象的「書店」，打從電子書問世之前便面臨這種危機，只因電子書的正式登場，讓人不禁更深思書店之所以存在的意義。

即便如此，書店還是有其存在的理由……那是什麼理由呢？

我很期待福嶋的論述考察能以這二十年來累積的成果爲基石，創出一番宏偉的理論。

因爲福嶋聽的演講是由關西地區出版業界相關人士所組成的「勁版會」主辦，所以會場是在新大阪車站附近的大樓會議室。約莫二十人到場參加，大多是這個讀書會的會員。

福嶋從紙本書爲何還是占優勢的觀點切入，並以二〇一〇年四月出版的佐佐木俊尚的著作《電子書的衝擊》爲例。聽福嶋說，有幾位淳久堂的年輕以及中堅一輩的員工聽到這本書出版時，十分錯愕，深感不妙。但他並未對後輩爲何如此愕然一事詳加說明，也許是因爲不用明說，在場很多人也了然於心的緣故。

然而不明就裡的我，很想知道爲什麼淳久堂的年輕以及中堅一輩的書店店員對這本書的出版感到如此「錯愕」？

在《電子書的衝擊》這本書中，以「日本出版文化爲何步入窮途末路」爲題的第四章提到，現有的出版物流體系、銷售機制是如何蹂躪「書」，也提到其中的來龍去脈，以及催生新出版文化的電子書功能等。其實就這本書出版的時間點來說，反論的見解並不算新。我對於書中提到軟體銀行總裁孫正義認爲紙本將消失的極端論點，反而比較有興趣，但作者也愼重地強調紙本書與書店並不會因此消失。

其實作者在書中點出的出版物流體系問題，只是統整散見於其他書籍的論點，其他像是對於事實的誤解、說明過於杜撰的部分，也散見於其他書籍。

譬如以「進入自費出版時代」爲題的第三章中，提到「『出版書』這個商業行爲，長久以來都是由出版社壟斷，不是門外漢的個人可以插手的領域，然而電子書的崛起可以帶動自費出版的發展」。

以及「相較於個人很難進入出版市場的紙本書時代，電子書卻能成爲自費出版的推手」。爲了強調這個主張，甚至連「自費出版若是採紙本方式進行，無疑是將門外漢當凱子耍的詐欺手法」，這種尖銳的話都蹦出口。

附帶一提，以標榜「『不採自費出版，改採共同出版的方式，也就是一起出書，一起上架』，大賺夢想自費出版的素人作家的錢，卻於二〇〇八年倒閉的新風舍就是一個知名例子。新風舍向素人作家收取數百萬日圓的出版費用，出版的書卻只能陳列在特定書店的一塊小區域，引發惡意詐欺的批評聲浪，最後新風舍只好宣告破產倒閉」。（摘自第一百三十三頁）

批判新風舍所做所爲根本是詐欺行爲的言論時有所聞，有些作者訴諸法律途徑，也有些作者夜夜哭泣難眠。然而新風舍經營不善的原因，不是因爲飽受批評而失去信譽，而是因爲陷入同業削價競爭導致收支失衡，轉投資的自行車業又失敗（投入數百萬日圓資金）的緣故，加上倒閉前的那幾年，新風舍爲了招攬案子，常常會視情況自己吸收自費出版的圖文書所超支的成本。當時與新風舍齊名的還有碧天舍（比新風舍先倒閉）、文藝社等，這三家專門招攬自費出版的公司中，後來之所以只有文藝社倖存，關鍵就在於文藝社當機立斷退出削價競爭的惡性循環，改變與作者的合作方針。

也就是說，新風舍之所以倒閉純粹是因爲經營策略、戰術失策所導致。

單看文字敘述並無法得知作者究竟是因爲不知道這件事的來龍去脈，還是知道卻簡單帶過。但至少看這本書的讀者，不可能知道實情如何。雖說是舊事重提，但我想書中引用「共同出版」這字眼，很容易招致誤解。因爲新風舍標榜的「共同出版」不是與作者們共享書店資源，而是出版社與作者共同出資出版的體制，這麼做不但能讓作者覺得自費的負擔減輕，還有一種作品受到認同的成就感，想要出版的意願，自然大幅提升。問題是承攬金額的多寡，正是新風舍是否涉及商業詐欺，飽受議論的地方。

「想在紙本書時代搞個人出版是不可行的。相較於此，電子書支援個人出版的可能性不但高，自由度也高。」也就是因爲有這類誤解，新風舍的例子才會被錯誤引用。

電子書的成本的確比紙本便宜，而且出版門檻更低，也更能迅速打開知名度。但紙本書時代還是能自費出版也能賣，並沒有所謂一定要經由「出版社→經銷商→書店」，這種既定管道才能出書的迷思。像是紀伊國屋書店便以向數百位個人出版直接進書的方式，顯示自己與其他書店的差異性，之後其他各大書店也紛紛跟進。其實除了大型書店之外，也有一些專門銷售自費出版品的書店，再者也不是所有一般書店都拒絕沒有透過經銷商的出版品。常見一些小型的地方書店販售當地人的自費出版品，便是一例。

當然光靠出版、銷售，便能得到豐厚收入的畢竟只是少數（這種人不是沒有，在紀伊國屋直接進書的個人出版品中，也有光在一間店，一年便能賣出幾千本的好成績。也有不少只有一至三名成員，定期發行刊物的小出版社），我想靠電子書成功創出好業績的人，應該也有限吧！

雖然我不清楚電子書今後會如何發展，但我想就個人是否能出版紙本書，關乎個人的熱情與能力這一點，提出個人的見解。相較於廣納個人出版品的網路世界，個人出版品於大型書店銷售的例子確實不多，但說穿了，這只是想擴展市場領域之人慣用的一種手段，不是嗎？

《電子書的衝擊》這本書的發行商Discover21便是不透過經銷商，直接將書銷給書店的出版社。當初他們以近似個人企業的型態起家時，幾位一起創業的夥伴，應該還記得不少書店都很積極對待他們家的書，而這間公司的成功，證明個人出版品也適用紙本形式的論點。

此外，作者還批評出版業界人士感嘆書之所以難賣，是因爲「現在年輕人都不看書」一事。作者引用文科省做的一項讀書調查顯示，從一九九五年到二〇〇七年，小學生向圖書館借書的冊數呈現大幅成長，反駁現在的小孩都不看書的說法。

但小朋友借閱冊書之所以增加，其實與「出版業界」龍頭東販發起推行的全國中小學、高中「早晨讀書」運動（晨讀）等，促進閱讀風氣的活動有關。根據資料顯示，「小朋友借書頻率高」的時期，剛好就是越來越多學校實施「晨讀」的時期，我想這項調查的可信度應該很高。

不過這麼寫，恐怕又會引起一番誤解。畢竟單憑使用圖書館的頻率，以及借閱冊數的增加，便如此斷言，是否妥當——「總之，可以明確地說，現在的年輕人看不少書」（摘自第二百零四頁）；我對這一點十分存疑。

所以我想情況應該並非如此單純。畢竟在這充斥許多對孩子們來說，更能刺激感官的多媒體時代，能在沒有大人的推波助瀾下，孩子們的閱讀風氣竟比以往提升，實在是很弔詭的事。雖然沒有直接證據可以證明，至少幕後推手絕對與「出版業界」脫離不了關係。

也就是說，「大嘆因爲年輕人都不看書，所以書很難賣的人」與「促使借閱冊數增加的人」可能是同一群人，但從作者的文章完全嗅不到這樣的關聯性。也許作者十分清楚這一點，只是故意不提，藉以批判「陳腐的出版業界」。

雖然我對這本書的最後一章「書的未來」中，提到電子書能更有效連結上下文與脈絡的論點相當感興趣，但顯而易見的，這是本整體內容杜撰成分居多的書。

當然我的目的不是要嚴詞批判這本書有些不該讓讀者產生誤解的內容。我關心的是淳久堂的年輕、中堅一輩的書店店員，爲何對這本書的出版如此錯愕？很好奇他們的想法。

《電子書的衝擊》是於iPad、Kindle等電子閱讀器大力推行的二〇一〇年春天出版，還曾經短暫登上書店新書暢銷榜的前幾名。然而促使這本書登上暢銷榜的幕後推手，正是在賣場大量鋪陳這本書的全國現有書店，以及遭到作者極力批判的「日本出版業界」。

這世上還有比這更可笑、矛盾的事嗎？

雖然我是這麼想，但對每天看著許多書誕生又消失的資深書店店員來說，這種事也只能冷眼以對，搖頭苦笑吧！因爲根據他們的經驗法則，這股風潮總有結束的時候。對書店來說，在賣場陳列這種順應時代而產生的書，並無所謂好壞之分，以平常心看待就行了。

搞不好福嶋也是抱持「平常心」看待這本書，但這本書的銷售方式，以及書店所面臨的危機與無力感，對年輕書店店員來說，無疑是一大衝擊，甚至有些年輕店員還被書中內容洗腦。爲何資深書店店員面對書店現場陳列的「書」，那股以平常心對待的能耐沒有傳承下來呢？

我想福嶋或許就是認爲不該因爲這類書的出現，迫使書店從業人員深感失望無力，所以無論如何一定要想辦法發聲。

在我腦子不斷思考各種事的同時，演講持續進行著。即便電子書登場，紙本書還是有其存在的意義，福嶋在自己的連載專欄「書店與電腦」，有陣子都是聚焦此一主題，當然也有提及我前面論述過的一些事。這天福嶋的演講中最令我印象深刻的，果然還是關於書籍銷售現場的發言。

出版業界有所謂的「出版目錄」，是由一群人辛苦製作出來的東西。我認爲其中與寫作有關的目錄，就是《人文圖書目錄》。每一本新書出版時會歸類爲哪一種，細分出來的種類也很多，但實際上書種早已超出目錄裡既定的種類。譬如近年來才有所謂「批評」一類的書，之後也還會陸續出版根本不曉得該歸爲哪一類的書。

這本新書該歸類在哪一個書區？是否要設定新的書種？爲這些事傷腦筋的就是書店從業人員，而且每年一定都會有那種不知該歸類爲哪個書區的書。

但我認爲這就是書最有趣的地方。

其實對於在書店工作的人來說，分類書不是件簡單的事，那就像Google一樣，採用網頁排名、網頁級別的分法，不就得了嗎？也許正因爲分類書區不是件容易的事，所以才會照暢銷書的排名順序上架吧！譬如淳久堂就簡單地將暢銷書分爲一般書的暢銷排行榜書區，以及商業書的暢銷排行榜書區。

換句話說，Google的做法不是任何領域都適用。其實做法只有一種，那就是和書店的暢銷排行榜書區做法一樣。但這麼一來，就會出現「暢銷書不等於好書」以及「能賣的書才是好書」看法對立的兩派說法。

書店不見得會因爲這是本好書，而做什麼特別陳列，因爲搞不好「上週的暢銷書」書區還比較好賣。岩波書店出版的《Google問題的核心》這本書中提到Google的網頁呈現方式好比選美比賽，不見得是最好的方法，就像大家會買的書不見得是好書的道理是一樣的。

然而這種事怎麼說都很主觀，就像難得能夠管理到一千四百多坪這麼大的店，於是利用店裡非常小的一塊區域，每月推薦一本自己讀了覺得很有趣的書，譬如打造一塊「店長眞心推薦」的常設書區，結果銷售量卻不盡理想（笑），怎麼賣都賣不動，眞的讓人很痛心，但還是必須繼續做下去。

或許我這說法頗自以爲是。書店是個分工合作的地方，雖然每個人做的只是一小部份的事，但更要有捍衛自己工作的勇氣，表現出身為書店人的固執，書店就該是這樣的地方，不是嗎？

勇於主張自己覺得好的東西，總有一天也能傳達給別人知道，一直覺得書店就該是這樣的地方。

出版了不知該歸類為哪一個書區的新書，這就是出版有趣的地方，其實福嶋從二十年前開始便這麼主張。

初試啼聲的新銳作家或是學者的著作，往往馬上就能被歸類為哪個書區（反正找個合適的既定範疇塞進去就對了），但這本書卻顯得格格不入（要是沒有格格不入的感覺，就稱不上是新銳作家），隨著後來第二本、第三本的出版，不知不覺間他的著作竟然改變了整體書區的風格。（摘自《書店人與工作》第十二至十三頁）

抱著一疊剛進的新書穿梭店內，終於停在一座書櫃前，只見拿著書的右手卻停在半空中，猶豫著到底要擺在哪裡比較好，就這樣思索了幾秒。

我很喜歡書店裡這種常見的光景，思索著這本書要擺在哪裡？又有哪一本要挪到哪裡？右手的每一個動作，也許會改變一本書的命運，這是既神聖又殘酷的畫面。

所以福嶋聰能一直坦然表達自己對於「書」的看法與態度，也許是一種小奇蹟。要是他待的是一切以大型出版社或是經銷商點名擴大銷量的商品為優先考量的書店，他還能堅持自己的主張嗎？也許早就辭職不幹了吧。

許多書店都無法維持福嶋所說的「從容狀態」。畢竟福嶋那就算是一年連一本也賣不出去的書，也是重要戰力的主張，絕對不是這二十年來書店的主流經營方式，或許正因為是非主流言論，才能堅持二十年。對「書」與書店來說，認同非主流的存在是很重要的，福嶋聰成功地體現了這一點。

到了最後提問時間，有位聽眾發問：

「雖然今天的演講主題是關於紙本書的有效性，出版社當然很希望紙本書能賣，但關於電子書這一塊……也必須顧及才行，這是我的看法。」

直到數年前，出版社的業務員還常嚷嚷：「管他什麼電子書，書店才是我們的命根子！」雖說是出於對書店的一種忠誠，但大半也是出於眞心吧！

然而到了二〇一〇年，卻幾乎聽不到這樣的聲音。拜「電子書時代」這個關鍵字滲透所賜，他們也默默了解到這種話還是別說出口得好。

我記得在一場出版社與書店的聯誼會上，有件令我印象十分深刻的事。當時在場的有埼玉縣某家書店的店長、出版社的業務、編輯還有我。這兩位出版社的人，曾在前一天去書店拜訪店長，因為他們手上有一本以這家書店所在地區為舞台的小說，所以希望店長能幫忙推一下，才會邀請店長參加這次的聯誼會。

「我覺得那本書可能賣不起來耶！」

店長的口氣十分果決，那兩個人一臉不可思議地聽著。店長迅速翻了一下從他們手上接過的樣書，準備率直地發表自己的感想。

「爲什麼賣不起來呢？」我不解。

「我覺得主題不錯啦！我自己也滿喜歡的。問題是故事稍嫌平淡，有點虎頭蛇尾的感覺吧……基本上小說啊，要是沒有得到『這本書很有趣』之類的評價，是很難推的，也就不可能賣起來囉！」

店長問他們，還是打算當作本地書來推嗎？兩人回答是準備這麼做，但還是希望不要太著眼於「本地書」這字眼來推，以免其他地方的人覺得這本書和他們沒什麼關係，也就沒什麼興趣。

「那麼，打算先下多少量呢？」我再次插嘴。

「先下個二十本。」

「對於不太會賣的書來說，這樣的量算是多的吧！」

「要是連我們家都不幫忙的話，這本書就沒機會了吧！對這本書，應該說對作者而言吧！今後還要繼續創作下去，不是嗎？」

聚會的地點是在一間附有卡拉ＯＫ設備的小酒館，只見店長抓起麥克風，開心地高歌，方才被硬生生潑了一桶冷水的出版社業務和編輯，則是交頭接耳地聊著，突然話題轉到電子書上，只見他們的態度變得有些強勢。

「我們家在紙本書和電子書方面都發展得很不錯，可以說兩邊都大有可爲吧！前陣子我們公司內部也在討論今後應該朝紙本書和電子書，齊頭並進地發展才對。」

我楞楞地望著手握麥克風，只回了一聲：「是喔！」的店長側臉，當然我沒責備他的意思，只是沒想到自己竟然親眼瞧見書店與出版社之間必然會出現的摩擦。

邊嚴苛地批評，邊思考如何讓這本書在賣場活起來，其實不乏這樣的書店從業人員。譬如雖然滿口批評最近的《週刊○○》內容很酷，但編輯品質卻下降，還是會想辦法換個賣場位置，稍微照顧一下。不只暢銷書，如何對待不會賣的書，也是書店的職責。

現在出版社的態度都是邊向書店低頭示好，邊覬覦電子書市場這塊大餅，但我不是說書店有多可憐，而是覺得書店對待書的態度應該更積極些。若這位店長本領夠高，那他會如何認眞看待一本賣相不佳的書呢？

後來一個月後，這位店長突然收到公司要關店的通知，同時也被告知解雇。他過了一段失業的日子，好不容易才被別家書店聘用，現在也還是在書店工作。

雖然福嶋聰在演講時並未特意強調紙本書的效用比電子書來得強，但他顯然對自己的論述頗有自信，而且相信在場眾人一定能明瞭他想表達的意念。

究竟紙本書的效用比較強，還是電子書比較強？看來這個二擇一的議題還會繼續延燒下去。然而情況於二〇一〇年後半的半年間，逐漸起了變化，一些與此議題相關的發言與書籍的陸續出版，在我看來都是息息相關的。

肇因於二〇〇一年，非小說類作家佐野眞一寫了一本名爲《誰殺了「書」？》的作品。福嶋在大阪演講的同時，佐野也受邀在東京國際書展演講。他提出這樣的看法：「正因爲現今朝向講求便利的電子化邁進，更不能忘記前輩們的經營與付出。」我們不能只著眼於進化現象，應該更認眞看待與此相關，每個活生生的人。佐野這番話聽在我的耳裡，感覺像是遺言。

那年秋天出版了三本令我印象深刻的「書」，一本是佐佐木中的《切下那隻祈禱的手》。作者在書中提到，不管是多麼新穎的技術還是方法，這些都不重要，革命始於「閱讀」，而閱讀始於「書寫」，企圖由創作者的立場，提醒大家應該把焦點放在創作這一點上。這本書獲得不少負責人文書類的書店店員支持，紛紛將書擺在書店最顯眼的位置，多少讓原本沉寂的書店氣氛起了些變化。接著是有「開拓日本電子書事業先驅者」之稱的荻野正昭的《電子書奮戰記》，書中提到電子書是提供沒有權勢也沒有財力的個人，一處能夠自由表達想法的絕佳平台，以及他一路爲了推廣電子書所歷經的辛苦奮鬥過程，當然也談及今後電子書的發展。但不知爲何，他的每一句話卻給支持紙本書的人一股無比的勇氣，深深覺得一味爭論「究竟是紙本書比較好，還是電子書比較好」，實在一點意義也沒有。

當我閱讀津野海太郎的《別把電子書當笨蛋耍——書物史的第三革命》時，也覺得紙本書與電子書的爭論，應該就此打住。

如同作者所說，對於從黏土板到莎草紙、羊皮紙這類與紙這一物質息息相關的書籍來說，非物質的電子書簡直是異類的存在。具有身爲物質固定特質的紙本書，今後還是有其繼續存在的意義，非物質的電子書這種新的閱讀方式也會進化。雖然紙本書的供給因爲二十世紀高舉的資本主義、成長至上主義的關係而達到飽和狀態，今後紙本書的出版量與書店量應該會持續減少才是，但絕不會因爲電子書的進化，導致「書籍」絕跡；因爲技術進化，必定會喚醒人類過往的經營與付出。

以上是《別把電子書當笨蛋耍》這本書的內容，福嶋在人文書院官網上連載的專欄名稱「書店與電腦」，就是取自津野一九九三年的著作《書與電腦》，後來創刊的季刊誌《書與電腦》，靈感也是來自津野寫的這本書。

福嶋以「紙與電子」爲題的連載開始於這些書出版不久的二〇一一年二月，在觸及各式各樣的主題之後，雖然他對「紙與電子」的論述不可能會有結束的一天，但看來他似乎決定暫時休兵。

總之，福嶋推薦那些感到十分「錯愕」的後輩們閱讀一下《別把電子書當笨蛋耍》這本書。我突然想到一件事，於是又重讀一遍佐佐木俊尚的《電子書的衝擊》，發現這兩本書雖然論述的「口氣」不一樣，但主旨是相似的。其實兩本書都期望「書」不會被淘汰，也期望「書」的世界能變得更豐富。即便如此，還是無法改變我對《電子書的衝擊》這本書的印象。

到底我該以什麼基準決定一本書的好壞呢？

《別把電子書當笨蛋耍》這本書裡提到由森銑三、柴田宵曲合著的《書物》（岩波文庫），其中就有一篇森銑三以「何謂好書」為題所寫的文章。

所謂好書，就是作者本著誠心，明確表達內心眞正的想法，讓這本書能夠徹底代表作者本身。（摘自第二十九頁）

昭和十九年出版，跨越終戰時期，於昭和二十三年改版發行的《書物》一書中反覆提到的論調，就是正因為有太多為了賺錢，不管什麼書都出版的「出版業者」，因此必須有個全新的組織來革新書市，否則出版只會淪落成沒有骨氣的商業行為。而他的這個論調跨越了第二次世界大戰，成為永遠的課題。我雖然頗贊同森銑三對於「好書」的定義，但他的主張畢竟還是一種主觀的看法。

不管是津野的書，還是《書物》，都有幾乎沒觸及的課題。

那就是扮演傳遞角色的書店，今後將何去何從呢？

當然從當事人，也就是書店店員以外的立場深入探討的例子也不少。關於書店業的歷史，還是能回溯到某個時代。譬如箕輪成男的《莎草紙傳遞的文明——希臘・羅馬的書店》（出版NEWS社），從以研究出版史聞名的箕輪成男的著作中，可以了解關於「書」的各種典故。基本上，這本書是根據眾多史料，重現紀元前後關於「書」的販售情形，然而書中出現的人物，多是被描寫成一身銅臭味的商人。

綜觀日本的書店史，尤以研究江戶時代的出版產業、興盛的讀書文化的史料，最爲完整豐富。雖然那時還沒有出版與銷售分工化的觀念，譬如從《江戶時代的圖書物流》（長友千代治著，思文閣出版）一書中，就可以看到許多描述店員與顧客如何往來，以及販售情形的史料，而且相關解說也非常有趣。江戶時代的書店不少都是兼賣二手書、藥品、出租書等，搞不好現在不少小書店也是如此。

然而書中描述的書店從業人員，徹頭徹尾就是商人模樣。江戶時代最有名的「書店」經營者蔦谷重三郎，不但是位優秀的企業家，同時也是不怕被當權者盯上，敢於諷刺時政，道出小老百姓心聲的一號人物。這種具有媒體人風骨的精神，正是身爲出版人的魅力所在。可惜雖然得以一窺蔦谷重三郎如何經營自家書店的情況，卻沒有留下任何他和客人如何互動的紀錄。

商人們每天如何營生的模樣就是一種「文化」的生成，他們也確實扮演著爲出版文化扎下根基的角色，然而這些書所描繪的商人，亦即先人們的行爲，究竟與現今書店的將來有何關聯？翻遍描述江戶時代書店的史料，也找不到相關線索。

其實我最在意的是今後書店店員、書店業者所扮演的角色。從他們對待書的態度、抱怨給我聽的牢騷中，我否定了「他們是商人，但又不到商人的程度」這種定義，當然之所以如此斷言，也許是出於自己不敢對他們抱持過多期望的心態作祟。

之所以無法從書店的歷史看見書店的未來，難不成是因爲自己陷入「反正跟上網查資料一樣簡單」的迷思？還是輸入「書店」這個關鍵字，就只能找到「無孔不入的商人」這幾個字眼呢？

# 第三章　說故事的女人

## ——井原心靈小舖，支持井原萬見子的動力

聽完福嶋聰演講的翌日，我開車前往和歌山，採訪位於人口只有百人的偏遠村落，一間名叫井原心靈小舖（IHARA・HEARTSHOP）的書店。雖然還有其他採訪對象可選擇，但我決定還是去一趟看看，於是抱著「就算和店老闆打聲招呼便走人，也沒關係」的心態出發。

車子行走在大阪市郊的阪和道，我卻好幾次迫於無奈地踩著油門，因爲心裡始終抱著應付了事的心態。打從準備去大阪時，內心便很猶豫，就這樣等著出發之日來到。儘管不少人勸我還是去看看比較好，但內心就是缺少一股動力。

井原心靈小舖是一家常被媒體報導，以代表「在小地方奮鬥的小書店」聞名的書店。專門採訪出版界與書店，在媒體界十分活躍的知名記者永江朗，曾在銷商東販發行的廣報誌《書店經營》二〇〇三年一月號介紹過這家小書店；這也是這家書店頭一次登上媒體版面。永江爲這篇報導下了這樣的標題：「一間村子的『知識』來源，猶如珠寶盒的書店」，然後介紹這間書店的由來及其風貌。其他一些書籍與雜誌也有刊出關於井原心靈小舖的報導特輯，書店名字與店長井原萬見子的芳名也常登上報章雜誌，而且每位採訪者都確實傳達自己親臨現場的感受。

其實它的曝光率已經非常高了。相關報導對於「井原心靈小舖」與「井原萬見子」的敘述都大同小異，不外乎爲偏遠村落點亮一盞文化之燈、爽朗的書店女老闆之類，正因爲都是些非常正面的評價，讓我覺得似乎沒有錦上添花的必要。

井原萬見子還寫了一本《了不起的書店！》，我去大阪之前，特地從家裡的書架拿出這本書。《了不起的書店！》這書名還眞有氣勢，書腰也印著推薦者的評價「井原心靈小舖是日本最了不起的書店——永江朗」，這是來自永江的聲援？還是可以置換成所謂的「日本第一」，就是一股無法計測的力量？書腰背面則印上「一間書店創造的小奇蹟」等字樣。

基本上，這本書給我的印象，就是一段溫馨的奇幻過程。

我曾參觀過在沒有一家書店的沖繩離島上舉行的書展活動。體育館裡擺著一排排長桌，有兩位從沖繩本島派來負責書展活動的書店店員，正將用渡輪運來的書整齊地排放在桌上。早上不到九點，島上所有中、小學生便來到會場，現場霎時變得熱鬧非凡。孩子們拿著爸媽給的零用錢，買自己喜歡的漫畫和童書。我不斷看到他們出了會場便迫不及待地看起來，然後又衝回會場的光景。一年只有一、兩天能有這般熱鬧景象，想想還眞是難過。幫我們導覽的一位教育委員會告訴我們，眼前這片一望無際的紅甘蔗田，藏不了住在這個繞一圈只有二十公里的小島居民們心中的陰鬱。

「很多人休假日還是窩在家中，我也不例外。畢竟要是誰從白天開始就喝酒，第二天肯定傳遍島上。就是因爲這島太小，沒什麼娛樂，所以才讓人覺得活得很窒息，所以很多人都想離開這裡呢！」

採訪者總是希望挖掘悲劇，不可否認的，也許我的內心也潛藏著這種心態。也就是說，來到這種荒僻的地方，勢必會遇到這樣的話題。

《了不起的書店！》卻嗅不到這樣的鬱悶感，當然還是有深刻描寫在都市的書店裡看不到的日常光景，卻也鮮明映照出作者為自己設定的角色。我想井原萬見子如此會推銷自家書店的本事，正是許多小書店最缺乏的東西。同時我也反問自己，既然對受訪者抱持如此先入為主的觀念，真的能秉持客觀的角度採訪嗎？

我不斷告訴自己絕對不能被先入為主的觀念所束縛。其實早在好幾年前一場在東京舉行，規模頗大的出版業界讀書會上，我就見過受邀演講的井原萬見子。讀書會快結束前才趕到會場的我，對於她的印象僅止於此，當天應該還有其他受邀演講的來賓，但我已經記不得了。

宛如扛著大斧頭的金太郎。

站在會場最後方的我邊看著台上的井原萬見子，邊這麼想。站在台上的她是那麼凜然，散發著強大能量，猶如沐浴在陽光下的鮮美蔬菜，也像穿著短褲在寒冬中跑步的勇者。但因為能量過於強大，以至和四周都是白色牆壁的會場顯得有些格格不入。讀書會結束後，我也忙著和認識的人打招呼，所以沒什麼機會和她接觸。

車子已經來到岸和田市，依這速度應該再過一小時就能抵達井原心靈小舖。反正也沒什麼急事，只要打個照面就行了。我在心裡這麼告訴自己。

但又想說還是打個電話連絡一下比較妥當，於是我將車子停在休息站，心裡又開始猶豫起來。《了不起的書店！》這本書中，介紹許多造訪過井原心靈小舖，以及採訪過她的人，書裡還有他們的Q版圖片。井原對於他們特地千里迢迢來深山採訪一事深表感謝……感受到她將採訪者一一視爲夥伴的我，不由得起了戒心：她會如何接待我這個沒有事先約好便貿然造訪的傢伙呢？搞不好會拒絕受訪吧！我想若只是打聲招呼，貿然造訪也不奇怪才是。

結果我還是承受不了心中那一點點的罪惡感，打了電話。我說明自己昨天來到大阪，之前一直沒機會造訪，想說能不能藉此機會打擾一下，而且方才聽書店的人說，也許您會接受採訪，還有我現在已經到了岸和田市等等。

「雖然不知道該怎麼招待，還是很謝謝您特地跑一趟，還請一路小心喔！」

井原萬見子的聲音聽起來十分快活。

於是我加快車速，下了交流道朝山裡挺進。

青田惠一在《書店是活的》（八潮出版社）一書中提到，搭電車前往這間小書店，是最沒效率的方法，因爲從大阪搭特急電車到和歌山縣JR御坊車站，要花一個半小時，再轉搭公車一個多小時才能到，還要加上換車和等公車的時間。

公車穿越城鎮、穿越田野，一路往山裡駛去。完全想像不到前方居然會有書店，別說書店了，連普通商店都沒有。就在公車搖搖晃晃地往前駛時，總算看到村子裡唯一的超市（中略）。總算抵達公車總站，明明才傍晚五點多，卻像深夜般昏暗。聽說那家書店位於山坡上，果然登上山坡，就看到不遠處亮著昏黃的燈光，真的有家店。（摘自《書店是活的》第二百二十四頁）

其實從大阪開車走高速公路到井原心靈小舖所在的和歌山縣日高郡日高川町（舊稱美山村），路程並不遠，約一百三十公里左右。雖然一路上會遇到必須放慢車速的狹窄山路，但要是一路開、不停下來的話，其實不到兩小時就可以到。雖然與從JR御坊車站搭公車來的路徑不同，但一下交流道，幾分鐘的路程，沒有任何一家商店，只有山、田與一戶人家的景象是一樣的。有時候還可以停下車，眺望河川美景，聆聽鳥囀。不久總算看到井原心靈小舖那橘色的遮陽棚，果然四周連一家店都沒有，而且一到下午便豔陽高照，氣溫將近四十度，非常酷熱。

我將車子停在書店前面的空地，馬上聽到井原萬見子大聲招呼：「喔喔！您到啦！歡迎歡迎！」開朗的個性完全不會讓人有初次見面的尷尬。

我邊向她打招呼邊眺望店裡。從店門口看進去，左半邊擺書，右半邊則擺些食品和生活用品。雖然書籍賣場比較大，但最初映入眼簾的不是書，而是好幾種杯麵的圓形紙蓋，前面還擺著零食點心、砂糖、鹽、半透明的垃圾袋，店的最裡面有個放飲料的冰箱和裝著冰淇淋的小冰庫。店門左側擺置一張小木頭桌和兩張椅子，左側牆上則立著好幾本繪本書。

井原向我介紹看上去約莫六十幾歲與三十幾歲的母女檔客人，原來他們是從田邊市過來的，我則說明自己來自東京。兩人是來離這邊還有幾十公里遠的溫泉地旅行，但從報章雜誌看到關於井原心靈小舖的報導，想說順道來看看。打算買繪本的年長女性和井原聊了起來，請她推薦合適的繪本，只見站在書架前的井原從成排書中抽出一本。

有別於昨天聽到的大阪腔，她那語尾有點拉長的柔美腔調聽起來眞舒服。我先回車上拿攝影機，想說拍一下井原與客人的互動。我回到店內，走向拿著繪本和客人開心聊著的井原，詢問她方不方便讓我拍一下。只見臉上依舊掛著笑容的井原沉默片刻，然後朝我悄聲說了句：「麥啦！」一時之間聽不清楚的我，還咦了一聲。

「麥啦！」井原這次稍微大聲點說。

聽起來似乎不答應。那位請井原推薦的女客人，開始滔滔不絕地說起自己喜愛的繪本種類，井原也很開心地聽著，又拿起別本繪本。我站在不會打擾到他們互動的距離，同時也是爲了卸除她們的心防，刻意讓拿著攝影機的手背在身後，按下鈕準備開始拍攝。不一會兒，兩位女客人總算選好了書。井原邊走向收銀台，邊用像是唱歌的腔調提醒我不要拍攝，於是我趕緊切掉電源。收銀台四周貼著非常多照片，而且每一張都是人像照。

住在田邊市的母女離去後，就只剩井原和我而已。井原邊問我累不累，邊招呼我坐下，還向我道歉剛剛請我關掉攝影機一事，但我問她爲何不能拍照時，沒想到應該很習慣面對媒體的井原竟然討厭攝影機，還眞叫人意外。但我手上還是拿著攝影機。

井原表示，像是店裡的書櫃和書之類，怎麼拍照都沒關係，但攝影畢竟不同於拍照，況且也不希望打擾到客人。

「我很開心有很多人來採訪，可是之前啊……電視台的人突然跑來要求拍攝，我想說好吧！就讓他們拍了。剛好住附近的老婆婆過來，她老人家一副燈籠褲搭配T恤，帶著麥桿帽的平常裝扮。對電視台的人來說，她老人家這樣的裝扮再應景不過了，剛好符合鄉下小店的模樣。老婆婆當場是沒說什麼啦！只是一如往常地買了些東西回去。但那天老婆婆又過來我這裡，沒想到她這次竟穿著襯衫。我心想：可見她老人家還是會在意啊！這樣下去還得了，要是住附近的人都不來我這裡，那我這家店就撐不下去啦！」

井原指著貼在牆上的告示，「眞心珍惜與您相識的緣分，但店內請不要攝影」。井原表示其實她也很不願意貼出這樣的告示。

而且一經電視、報章雜誌等媒體報導後，井原心靈小舖的確增加不少遠道而來的客人，難免有人會拿著手機或數位相機在店內隨意拍攝，這點也讓井原傷透腦筋。

「要是開口請他們不要拍，他們應該也不會爲難我才是，但這種事還是很難講啦！像之前有個年輕男生來店裡，跟我說他想拍一下店內，上傳到自己的部落格，聲援一下我這間小書店，我想說好吧，便答應讓他拍，可是後來也無消無息啊！雖然他說想要聲援我這家小書店，但也不知道他是不是眞的有這麼做啦！不過當我聽說你也是因爲別人介紹才過來的，我才想說搞不好有些人就是看了那年輕男生的部落格，才發現有這麼一間有趣的店哩！若眞是這樣那倒好，但也有發生像老婆婆那樣的事，所以有在考慮是不是連客人都不能開放攝影。」

井原之所以會有這種顧慮，就是考量到與當地居民之間的關係。報章雜誌報導井原心靈小舖時，也會刊登井原萬見子的照片，那「偏遠地區一位活力充沛的書店老闆」臉上的爽朗笑容，絕對不可能和當地實際的氛圍劃上等號。因爲井原心靈小舖的關係爲地方帶來活力固然很好，但因爲當地人口本來就很少，所以就算辦什麼振興地方的活動，也沒辦法搞得很盛大。

我邊思索井原那活力充沛的笑容，邊聽她說著，忽然想起《了不起的書店！》這本書中有收錄一段她接受知名攝影師也是作家的都築響一採訪，後來井原拜託都築換掉原本要刊登的照片。因爲書中沒有詳細說明原委，所以很容易引起誤會。其實井原在意的不是照片拍得好不好看，而是當地居民對她的印象。這道理就好比要是不強調一下，一般人根本看不出來一般雜誌和專門雜誌有何不同，足見井原強烈意識到周遭帶來的強大影響力。所以她在自己的著作中，簡單提到要求換掉照片一事，也許只是想記錄一下她與都築交流的經過。

井原心靈小舖位於群山圍繞，「人口只有百人的小村落」，所以外地來的訪客與媒體很難理解當地居民的心境。因此著作中提到的採訪者，都是能夠理解井原的心情，或是和她一樣抱持理想的人。

井原愉快地回憶這些採訪點滴，同時也表達自己對於一些有欠周慮的採訪深感不滿。

「有些人是看到書，有些人是看到報導而來的，我當然很開心。可是……最重要的還是當地居民的感受，當然當地居民很喜歡看書，也想獲取更多知識，也會對我說：『加油喔！』之類鼓勵的話語。透過書的確讓當地居民重新認識我，真的非常感謝。」

我起身步出店外，將手上的攝影機放回車子裡，還取下掛在牛仔褲上的數位相機，連放在襯衫口袋的ＩＣ錄音筆都收了起來。算算我已經在店裡待了將近兩個小時。

來自田邊市的兩位客人離開後，短短一小時內，又有兩、三位當地居民進來。而且店門一開，客人與井原的招呼語幾乎都一樣。

「喔喔、歡迎歡迎。」

「外頭可真熱啊！」

「就是呀！」

「下個月的《數獨》來了嗎？」雖然也有人來詢問新一期的《解謎誌》到貨了沒，但很少有客人是直接走進店裡左側的書區，都是先走向右邊最裡面的冰淇淋櫃和冰箱，挑選

一、兩個想吃的冰淇淋和果汁，然後邊嚷嚷：「不行了！熱得快被融化哩……」邊從口袋掏出零錢，和井原小聊幾句後便走出去了。

井原都會帶著濃濃的地方口音，向離去的客人說聲「多謝」。我邊和她聊，邊趁空檔巡了一下書櫃，果然還是以童書爲主，也有一個大書櫃是專門放些與農業相關的書，而且還有人動過的樣子。除了永江、青田、都築、小林紀晴等來過店裡採訪的名人的著作之外，還有以出版、書店、媒體論等主題的書。最令我感興趣的是她如何處理小說與非小說類的書，尤其在這種擺置沒有脈絡可循的書店裡，更叫人好奇。

幸好沒看到最前面堆了一疊好幾年前的暢銷書，這種地方小書店常見的光景，老實說我著實鬆了口氣。但即便如此，這裡還是很難稱得上是「了不起的書店」。在這約莫二十坪大小，書櫃只占一半多一點的有限空間裡該如何配置，看得出井原連雜誌都經過精心挑選。雖然文庫那一區排放著兩大排岩波文庫，但因爲許久乏人問津的關係，書皮都有點舊了。井原說她自己也知道這些書再擺下去也不是辦法。

我步出店外，聽到對面體育館傳來孩子們的喧鬧聲，好像是在練習排球的樣子。蟬鳴響遍四周，不時夾雜著從沒聽過的鳥囀。遠處還傳來金屬球棒敲擊軟式棒球的清脆聲響，除此之外還是很安靜，靜得連自己的呼吸聲都聽得到。

我又回到店內，繼續和井原閒聊。究竟要進行採訪？還是單純地打聲招呼就好？採訪前的內心交戰，竟然不知不覺地消失了。現在的我，只想好好地待在這裡。

排球練習似乎結束的樣子，只見一群女孩子們走進店裡，每個人都買了零食、果汁和冰淇淋。

「阿姨，我好累喔！最近動不動就覺得好累哩！」

「可能是因為天氣熱的緣故吧！什麼時候比賽？這個禮拜天嗎？」

「下個禮拜哩！下個禮拜天，反正我們一定輸的啦！」

有個看起來像是國中生的高個兒女孩，竟然是小學生。

女孩們離去後，接著走進來的是穿著工作服的年輕男子。果然他也是邊喊熱，邊朝冰櫃走去買了冰淇淋，但後來的行為就不一樣了。一般客人買了冰淇淋之後，因為怕融化，會邊吃邊迅速離去，但他卻在店裡走走看看，買了一本書之後，開始和井原聊了起來。

一時之間，我覺得自己這個陌生的存在似乎挺礙眼，趕緊走到店裡最角落處，拿起一本書翻看。

年輕男子似乎在向井原傾吐戀情的煩惱，霎時讓我猶豫是不是該迴避一下，問題是現在才出去又顯得太刻意，而且老實說也有點好奇心作祟，於是我努力裝作自己不存在似的。井原似乎也認識他女友的樣子，還鼓勵他身為男子漢要拿出勇氣，主動一點才行。

待年輕男子離去後，井原笑笑地說：「有時候也會有這種事啦！」隨即又一臉嚴肅地喃喃自語：「這樣眞的好嗎？我會不會太雞婆啦？」我們總算又坐下來，聊起彼此的私事和出版界的事。

收銀台四周貼著許多照片，都是有工作往來的人或是前來採訪的人，以及遠道而來造訪的客人等，井原記得每個人的名字，也清楚記得他們來訪時的事。這裡絕對不是一處能夠常常來的地方，搞不好就只來這麼一次，井原卻用心對待每一位造訪過這家小書店的人。

不久夕陽西沉，天色逐漸變得昏暗。

我請教她今天的營業額，只見井原露出促狹的笑容說：

「你已經觀察好幾個小時了，不用我明講應該也知道吧！」

井原心靈小舖是井原萬見子於一九九五年繼承伯父經營的「池本書店美山分店」，改了店名後重新開張。擔任教職的伯父退休後，在大阪府枚方市開了間名為「池本書店」的書店，後來他因應故鄉當地居民希望村裡也能有間書店的要求，於一九八六年再開「美山分店」。不久他收了位於枚方的總店，全心經營美山分店，但隨著自己年紀越來越大，猶豫著書店是否要繼續經營下去。

店一旦收了便很難重新開張，於是身爲姪女的井原萬見子決定繼承伯父的書店，但社長不是井原萬見子，而是經營汽車修理、改裝等維修事宜的井原麗車坊（IHARA

BODYSHOP）的老闆，即她的先生井原和義。麗車坊營業的項目不光是汽車修理、改裝，只要是當地居民有任何與車子相關的事，都可以幫忙處理。所以相較於老公的「美（車）體」（BODY SHOP），井原心想：那就取「心靈」（HEART）吧！《了不起的書店！》這本書中也有提及。

想在自己成長的地方開一間書店，就是這個念頭支撐著她繼續經營。

不過井原也承認的確撐得有些辛苦。

「我當然也會想什麼時候不做了，什麼時候把店收起來，但眼前先給自己設定一個目標，想說先朝這個目標努力看看，等到哪天伯父不在人世時，再看看要不要收起來吧！」

我向她提起日暮文庫的原田眞弓，她因爲想用自己的方式將「書」交到每一位顧客手裡，所以毅然辭去大型書店的工作，經營一家小書店的故事。所以很好奇是什麼樣的動力驅使她這麼做？或是有什麼其他的可能性，當然也說了昨天參加福嶋聰以「紙本書與電子書」爲題的演講一事。井原也認識福嶋。

井原說也有人來找她商量開書店的事，後來雖然開了卻經營不下去。

「尤其是在人口少的地方，要是與當地居民互動不夠熱絡的話，是很難經營下去的；沒有抱著破釜沉舟的決心，是很難堅持下去的。我很開心年輕人有著想開書店的理想，但我認爲只憑理想是無法經營書店的，應該說是命運吧……當然是我自己決定要繼承這家書店的，但對我來說，這也是無法逃避的責任。除了自己沒有太多時間好好閱讀之外，雖然店裡進了很多童書，我卻沒有多餘時間可以照顧自己的三個小孩。」

「聽你說起福嶋先生對於電子書的看法，讓我很有感觸哩！其實我還滿希望電子書能早日普及化呢！譬如店裡要是放一台專用機器，方便客人先試閱之類的，只要按個鈕就可以下載大概五頁左右的試閱內容，或是列印出來也行。客人看了之後如果想買，再訂書就行了。像是不會用電腦，對機器也比較棘手的老人家，雖然對《1Q84》很感興趣，但一下子要買三冊也不便宜，又沒有可以試閱的東西，所以在不曉得客人到底會不會買的情況下也很難進書啦！要是按個鈕，就可以試讀任何一本書，這樣對我們店家來說，眞的很方便。電子書這種東西不是就具有這種功能嗎？」

然而潛藏在她腦中一隅的想法，隨即被眼前必須完成的目標拂去。因爲對井原來說，眼前最重要的事，就是一個月後舉行的「童書書展」。

「童書書展」是由與井原心靈小舖往來的經銷商東販，爲促銷童書以及推廣各地讀書風氣所舉辦的全國巡迴活動。決定好協辦的地方書店與活動內容後，出版社就會負責出書參與活動，其實改名前的舊美山村也舉辦過類似活動。活動爲期兩天，會場設於井原心靈小舖與附近的上阿田木神社，還有溫泉旅館愛德莊等三處，除了舉辦讀書會之外，還有織染體驗教室等活動，到時設於愛德莊的主要會場，將運入上百箱童書和繪本。

書展期間的營收不是此次書展唯一的目的，主要還是希望能吸引更多當地居民以及遠道而來的遊客，共同參與這次的活動。

井原爲了宣傳這次的書展活動，正忙著進行她發想的一項名爲「挑戰一個人舉辦一百場說故事時間」的活動，這活動會一直進行到書展活動當天爲止；她將在當地各場所舉辦一百場說故事時間的活動，爲書展活動催生人氣。我到訪的這天早上，她已經跑了兩處地方，累計辦了快五十次的說故事活動。

「即便已經誇下要舉行百場的海口，但這很難啦！」井原自嘲地笑著這麼說：「就像今天早上，活動剛開始就沒什麼人來參加。想說沒辦法，還是硬著頭皮開始。聽起來很奇怪吧？看來一開始就要聚集人氣可沒那麼簡單啊……難不成要我扯著喉嚨大喊：『活動開始囉！』還是乾脆用唱的呢？明天還要繼續進行哩，這可怎麼辦呢？」

翌晨，我離開距離井原心靈小舖約三十公里遠的ＪＲ御坊車站旁的商務旅館，前往要去井原心靈小舖半路上的一個車站「Sanp in中津」（中津當地農特產展示販售中心）。就在提早到的我眺望著一早就很熱鬧的特產店時，瞥見井原萬見子駕駛的白色小轎車駛入停車場。

井原一手抱著小立牌與摺疊椅，一手提著裝有宣傳單與繪本的藍色提袋。她先將這些東西放在店門口，然後走進去大聲地打招呼：「早啊！今天也借一下店門口囉！」有位店員回應了一聲：「沒問題！」然後繼續忙著招呼客人。

井原走到店門口，架起比她的膝蓋再高一點的小立牌，上頭繪著一看就知道是出自女性之筆的可愛插畫，還有「說故事活動盛大舉行中，請大家多多支持」等字眼。接著井原將印著「挑戰一個人舉辦一百場說故事活動，盛大舉行中」的宣傳單，以及下個月即將舉行的「童書書展」宣傳單，用膠帶輕輕地固定在柱子上。然後將折疊椅放在自己面前，搞不清楚是用來放置繪本，還是井原說故事時要坐的，看來好像是要給來聽的人坐的樣子。

「好啦！都準備好啦……在這裡進行好嗎？會不會妨礙別人出入呢？」她往我這裡瞧，喃喃自語，看得出神情有些緊張。

「不會，這裡很好啊！」我邊點頭邊回應。一出店門口就是寬敞的停車場，但要在停車場的哪裡舉辦活動才能聚集人氣呢？畢竟大家來買東西都必須從這裡經過，所以就是這裡了。

現在才早上八點半，絕大多數都是來買東西的人，而且多半都是腳步匆匆地經過。

「看來只有這裡比較適合了。」井原悄聲喃喃。

只見她有些緊張地走來走去，然後又走回來拿起宣傳單。

「說故事時間開始囉！」她喊出第一聲。一位準備走進店內的男子瞬間看向井原，井原正準備將宣傳單遞給他時，只見男子別過臉，走進店裡，同時又有另一個男子準備經過井原身後，井原慌忙地說聲不好意思，趕緊讓路。後來又有好幾個人出出入入，但都沒有遞上宣傳單的機會。

也許看在這些趕著買東西的人們眼裡，井原就像個不曉得在推銷什麼怪東西的人吧！結果不但沒能進行說故事活動，也沒有宣傳到下個月要在當地舉行的書展活動。

就在這時，有位步出店門的中年婦女停下腳步。她本來也想匆匆離去，卻碰巧和井原的視線對上。井原趕緊快步走向一臉狐疑的中年婦女，迅速說明下個月有書展活動，以及現在自己正在進行說故事活動等。只見接過傳單的婦人逐漸卸下心防，臉上表情變得柔和許多。我想一般人要是聽到與「書」有關的事，應該比較不會有什麼不好的聯想才對。

婦人邊聽井原說明，邊說她不曉得有這個活動，還問了是在這裡舉行嗎？「是有聽說過井原的說故事活動，但不曉得在哪裡舉行就是了。」婦人也主動聊了起來，這期間又有好幾個人從他們面前走過。

後來這位婦人以丈夫還在車上等她，今天有急事爲由，匆匆離去。

「我還會去別的地方進行，至於這裡的話，就請你當我的聽眾吧！謝謝你今天過來。」井原對我說。

「那今天怎麼辦呢……平常這時候會決定要唸哪本書，今天也帶了好幾本過來。你聽過《長髮公主》嗎？是講這附近，也就是當地的故事，我很喜歡它，同時也是我看了好幾遍的繪本之一，作者是有吉佐和子……」

井原似乎又對沒有半個聽眾的事實感到有些不知所措。猶豫片刻後，只見她打開繪本，開始唸了起來。

長髮公主。

文，有吉佐和子，圖，秋野　福

從前從前，木之國的日高之里，誕生了一位美麗的小女孩。

因爲這裡靠海，所以一整天都聽得到海浪聲。

雖然小女孩長得很健康，但不知道爲什麼，就是不長頭髮。

小女孩的父母很難過，拚命向神明、菩薩祈求，但小女孩的頭上還是光禿禿的。

井原開始唸時，我走到她面前坐了下來，想說一般說故事時間，都是圍坐在地上抬著頭聽。其實這樣感覺也比較自在。或許看在路過人們的眼中，坐在農特產展示販售中心門口，唸著繪本的女性，與坐在地上聽故事的男人，這種構圖還挺詭異的。我也想說，或許開始唸故事就會吸引周遭人停下腳步，湊過來聽也說不定。

我一邊思索著自己到底要採取什麼方式聽故事比較洽當，一邊起身走到面對井原的斜對角位置，然後蹲下來；這裡比較能夠看到出入店裡的人。結果每個人的反應都一樣，瞄了一眼，露出狐疑的神情，隨即快步離去。

「都是那個會發光的東西害的。」
「都是因爲那個東西，海浪才會那麼大。」
「難道沒有人可以去拿掉那個東西嗎？」
有個女人走向正在商談的漁夫們。
「我去拿吧！」
「妳去……？」
大家很吃驚。因爲那女人是光頭女孩的母親。

井原唸的速度有點快，口氣也有些平淡。

日高之里的居民越聚越多，潛入海中的女人，悄悄地嚥下最後一口氣。日高之里的居民愼重地爲她舉行喪禮，還在墳上立一座觀音像祭祀著。
於是從那時開始，原本頭頂光禿禿的女孩，開始長出頭髮來。

井原一次也沒有抬頭看過我，只是專注地看著繪本，淡淡地繼續唸著。面對沒有半個聽眾的說故事時間，內心一定很沮喪吧！我從沒見過這般光景，因爲我印象中的說故事活動，都是會事先告知時間、地點，然後時間一到，附近的媽媽們就會帶著小朋友來聽故事。

那現在自己見到的是一種修行嗎？

是那種街上常見的和尚托鉢化緣嗎？

隨著故事進展，井原的樣子也起了變化，不過這種變化不是因爲內心感到退縮。雖然她唸的速度依舊有點快，也仍然專注地盯著繪本，但隨著故事發展，她的聲調逐漸起了變化，因爲她的確想說給別人聽。

環顧四周，她那清亮的聲音清楚地回響著，可能因爲眼前是連綿的小山，所以產生一點迴音效果。

前方十幾公尺處，有兩位夫婦模樣的人正將裝著蔬菜的紙箱搬上車。雖然他們的手沒停過，卻瞄了我們這邊一眼。再更前面有停了幾輛重型機車的車隊，駕駛們全坐在柏油路上休息，彼此也沒有交談的樣子；他們應該也聽得到井原的聲音才是。就連在店內忙著購物的人們，應該也聽到她那猶如背景音樂般的唸書聲。

所以這和修行是不一樣的，井原也不是爲了鍛鍊自己才站在這裡，她只是想以自己想要的方式傳達給在場眾人也說不定。

故事即將進入尾聲，我凝望著井原萬見子的身影。

《長髮公主》是關於日高郡一間知名寺院，道成寺創建的由來。母親死後，原本長不出頭髮的女孩，竟擁有一頭烏黑秀麗的長髮，還成了藤原不比等的養女、文武天皇的妃子，後來生下聖武天皇。藤原不比等承諾長髮公主，無論她想要什麼，都會應允她的心願，於是長髮公主希望能爲母親建一座寺院。

於是長髮公主的故事，成了傳頌千年的故事。

井原唸出最後一句，結束約莫五分鐘長的說故事時間。

只見她露出微笑，卻馬上又回復緊張的神情，趕緊收起小立牌和折疊椅，收回貼在柱子上的傳單。我只是楞楞地站著，半晌說不出話來。

「明天還要在沒有人聽的地方，繼續進行我的說故事時間。」

昨天我聽聞這件事，拜託她讓我同行，井原一開始還不太願意，沒想到今天還眞的沒有半個人聽。一想到自己的任性可能傷了她的自尊心，就覺得心情有些沉重。

井原再次向店裡的人打聲招呼。

「不好意思，打擾了。謝謝囉！」

「不會，辛苦了。」

回應的聲音聽起來是那麼的溫暖。

井原邊將東西搬上車，邊對我說：「因為有點遲到，所以得趕快趕到下一個地方，沒關係吧？」我回說自己會跟緊的，請她不用擔心。雖然我不是那種習慣開快車的人，但其實來這裡時，也是一路飆過來的，況且怎麼樣也不能輸給比自己年長的女性。

一出了眼前的縣道，井原便以超乎想像的速度一路疾駛。果然當地人占了地利之便，車速飛快，即使拐進狹窄山徑，也絲毫沒有減速的跡象。我開始擔心要是有動物或人從森林衝出來該怎麼辦呢？駛入彎道連連的山路後，我終於跟不上了。井原大概察覺我跟不太上，趕緊放慢速度。

出了狹窄的山徑，總算又是寬敞好走的雙線道，只見井原的車子邊打燈邊減速，停了下來。我連張望四周的時間都沒有，趕緊跟上，瞥見一旁停著兩輛引擎蓋打開的車，原來這裡是一間小型汽車維修廠，掛著「井原麗車坊」的招牌。

井原下車走進店內，不久便帶著一位身穿淡綠色連身工作服，剃著短髮的男子走向我。

「這是我家老爹。」

「中津今天也不行啊！沒有人停下來！」

聽到井原這麼說，她先生倒是一派輕鬆地回應：「又連敗啦！這也是沒辦法的事啊！」

井原臉上那抹沉重的神情，旋即消失不見。

「想說剛好經過，順便介紹一下你們認識。」井原對我說，隨即又跟他先生說：「我們要走了。」再次發車離去。

下一個說故事時間的場所是在井原心靈小舖附近的美山農特產展示販售中心。有別於剛才那一家的寬敞，這家的停車場只能容納十輛車左右，店面也不大，而且裡頭除了兩位店員之外，沒瞧見其他人。

「又只有你們啊！」

井原苦笑地走進店內，兩名年輕的男女店員趕緊過來招呼。年輕的女店員去年還參加過井原舉辦的說故事活動。

「書展？挑戰一百次？這種事我怎麼沒聽說呀？請您唸給我們聽！」女店員興奮地說。於是井原邊吃著梅子冰淇淋，邊對坐著聆聽的兩人，唸起《長髮公主》。

「我會帶我那些媽媽朋友一起去下個月的書展活動喔！」女店員看著宣傳單這麼說。

我們開車回店，離開店時間十點稍微遲一些；今天的井原心靈小舖開始營業了。和昨天一樣，我又泡在店裡，來客的情況也和昨天差不多。直到下午一點爲止，一共來了五位客人，而且都是來買冰淇淋或果汁，也有人是來買垃圾袋、零食、奇異筆和雜誌等。

「有煙火嗎？我們家小鬼頭想玩煙火。」

「煙火嗎？沒有耶！不好意思啦！」

我倒是挺享受這般稍嫌無趣的時光。井原可沒閒過，整理商品、確認傳票、發送傳眞、打電話、接電話，還要趁空檔時間跟我聊幾句。我問她如何訂立一百次說故事時間的排程？

「不是亂槍打鳥，隨意找個地方就行了。我可是有擬定作戰計畫呢！先以一個場所連續辦三天爲基準，隔幾天再辦三次，然後再隔幾天再辦三到四次吧！等循環到第三回合時，就會出現不同的反應哦！就算是古老的童話故事，唸個三遍也會覺得很有成就感吧！至少到目前爲止，我是這麼想的啦！況且循環到第三次時，效果眞的有出來，中津那邊還是第一回合囉！雖然明天不會過去，但還是會繼續下去的，而且當地的新聞記者聽到我的這個企畫，也覺得很有趣呢！好像想來採訪我的樣子。」

「我看要來算算有多少次半個聽眾都沒有的情況。不過今天至少還有你這個聽眾喔！」井原笑著說。

原來如此，果然井原做的事不是「托缽」。地方報紙報導這件事時，也許會添上一百次說故事時間的活動中，也有沒半個聽眾的情況這類插曲。

還沒見面之前，我對井原完全沒什麼特別的印象與感覺，所以對於自己的見解淺薄，著實感到慚愧。井原將近二十年來面對的是周遭連一間雜貨店都沒有的環境，而且要在如此偏遠的地區持續經營一家書店，努力讓井原心靈小鋪融入四周雄偉的自然美景，她這般不遺餘力的宣傳企圖心，令我佩服不已。

也許有人認為在偏遠村落舉辦一百次說故事時間的活動雖然是件美談，但應該有更有效的宣傳方式才對，關於這一點，我不是很贊同。那麼該如何做呢？而且前提是一定要在這個舊美山村進行。若是透過網路銷售的話，井原心靈小鋪的合作對象就是知名的經銷商東販，理當更積極活用這個關係，不是嗎？

考量市場實情，還是把店收起來比較好吧？其實井原萬見子隨時都能這麼做，但她還是決定繼續經營下去。

井原先生打電話來，好像是拜託她幫忙處理什麼事情的樣子。「啊？可是我這邊就顧不來了耶！傷腦筋啊！」井原回道。一問之下，才知道原來是井原先生必須將送修的車子送回客人那裡，需要有人載他回來，所以拜託井原開車同行。

我自願幫忙。

「可是我先生他的車速比我還快。」

「那就傷腦筋了……」我說同行是沒問題，但務必請他放慢車速。

待井原先生開著修好的車子來這裡後，我隨即跟車。約莫開了三十公里，將車子順利交給客人之後，我們再循著來時路回來。一路上，他和我聊起井原心靈小鋪剛開店時的事。那時為了洽商幫助學校圖書館進書等深耕閱讀風氣的事，夫妻倆跑了許多地方。

回到井原心靈小舖，我繼續邊看著井原萬見子與客人互動，邊趁空檔和她閒聊，這時井原先生又來電。

「剛才眞是太謝謝你了。今天傍晚一起去喝一杯，如何？」

我爽快地答應。

我在井原心靈小舖旁的溫泉旅館愛德莊訂了一間客房。傍晚我先將行李放到旅館，然後在附近的上阿田木神社周邊散步了一會兒，才回到店裡。井原的先生已經來了，我看見屋後倉庫停著一輛車款有點舊的吉普車，看來等會兒要稍微開車兜風一下的樣子。

我們的敞篷吉普車邊迎著風，邊疾駛在山路上。可想而知，在這條僅容一輛車通行的狹窄山路上，要是飆到七十公里，是一件多麼恐怖的事。井原先生保持一定車速。他說這輛車是昭和五十五年出廠的JIMMY，可是目前日本僅存幾輛的稀有車種，而且無論引擎還是車子的功能性，都和現在的車子有著極大差異，可說是車迷夢寐以求的珍品。他還告訴我自己有獵人執照，曾經獵殺過鹿，然後用刀子當場支解，大啖生鹿肉。儘管他一直在炫耀自己的事，卻完全不會讓人心生嫌惡，也許是因爲他那自得其樂，讓人一直想聽下去的口吻很吸引人吧。

我們將吉普車停在井原麗車坊，徒步前往當地唯一一家居酒屋，選了店內最裡面的座位。井原先生穿著淺綠色連身工作服，肩上掛了一條黃綠色毛巾；剃得短短的平頭，配上一張被日照曬得黝黑精悍的臉。

「乾完第一杯之後，接下來就看自己的酒量啦！你要啤酒，是吧？我每次去小酒館，一定會喝上八杯摻水的威士忌！而且規定自己最多只能喝八杯，就算店裡的傢伙再怎麼勸也不多喝！喝酒這種事就是得學會自我克制啦！」

我們才認識不久，他就告訴我好多事，像是當初他們的婚姻遭到反對、養育小孩的趣事之類。關好店的井原萬見子也趕來，坐在她先生旁邊。

「她是我們家的寶。」井原先生說。

井原微笑，倒也沒有不好意思。他這句有趣的說法令我印象深刻，翌日去了趟依「長髮公主」心願建造的道成寺，意外地遇到這句話。

道成寺有模仿「西方極樂」的「妻寶極樂」說法。也就是說，家有賢妻才能讓一家興旺，前往極樂淨土之道。關於道成寺，還有一個知名的傳說「安珍與清姬」：相傳安珍與清姬約定再相會，沒想到安珍卻逃走了。於是清姬憤而變成蛇，並將躲在道成寺鐘內的安珍燒死。「妻寶極樂」這句話就是從這傳說衍伸出來的。寺院會使用流傳下來的繪卷，向來參觀者解說這個故事和這句話的由來。

「你是來採訪井原心靈小舖的吧！有什麼想問的儘管問，不用客氣！」井原先生說。

「爲什麼井原心靈小舖能堅持到現在呢？」我問。

「這可是有七個不可思議呢！我就告訴你七個中最重要的一個。那就是社長是我，店長是我老婆！所以啦！這就是七個不可思議的答案！

「如何？很偉大吧？」只見井原先生拍拍妻子的肩膀這麼說。我第一次看見她有點不知所措的模樣。

「你在胡說什麼啊？今天也醉得太快了吧？」井原馬上伸手捂住她先生的嘴，卻被她先生揮開。

總覺得這光景很眼熟。總算想起來了，就是吉本興業的搞笑藝人拍檔。

「特地跑一趟來採訪，就告訴你一個不可思議吧！聽好啦！店長沒有薪水。也就是說啊，人事成本爲零。想想那家小店，怎麼花得起人事費用。」

聽他這麼說，我倒是一點也不驚訝，只是回應了一聲「嗯」。

井原先生對我的反應似乎感到有些失望，只好無奈地說了句：「就是這樣囉！」

「那剩下的六個不可思議呢？」井原不耐煩地問。

「剩下的啊……是什麼呢？」

「什麼嘛，沒了嗎？」

笑聲在居酒屋迴盪著。

莫非是「妻寶極樂」這句話支撐著井原心靈小舖嗎？

「安珍與清姬」和「長髮公主」一樣，都是誕生於千年前，述說這地方的傳說。

井原先生名叫井原和義，從二〇〇九年開始連續參加十四屆當地舉辦的「紀之國美山馬拉松」長跑活動。後來這活動因爲賽程途中有越來越多路段處於長期施工的狀態，只好被迫中止。但井原和義說，行政單位並沒清楚說明「活動中止」的原因。

「反正直到復賽前，我還是會繼續鍛鍊囉！我們還會幫忙做些準備工作，譬如設置茶水站之類，還有我們家小朋友也會騎著腳踏車前後跟著一起跑。雖說每年參加人數不多，但爲了守護地方傳統文化，一定要堅持下去，也會一直傳遞這個信念。絕對不能喊停！要是沒有遵守這個約定，內心一定會倍感壓力。我們一定要繼續跑下去！」

我感受到他的堅持與決心。井原和義這番話，讓我想起自己也參加過馬拉松，不由得脫口而出：「跑馬拉松可是很辛苦呢！」

「聽說明年會多十五個人參加，你也來吧！」

總覺得要是拒絕這男人的邀約，顯得自己很孬種，但又不敢隨口答應。畢竟這種事是不能隨便應允的。

翌晨，井原萬見子在三處地方進行說故事時間。

第一處是位於井原麗車坊旁邊集會所前的路旁，活動從六點半開始。井原到的時候，已經有四位住在附近的小朋友等著聽她講故事。邊眺望著從山巒與田野升起的太陽，井原坐在路旁，像是一一說給每位小朋友聽似的，一口氣唸了兩本繪本。

母親們來接走小朋友之後，我們又開了三分鐘左右的車，前往美山中學校園，那裡聚集了十二位正在做暑假廣播體操的小學生。做完體操後，大夥紛紛聚集到井原面前。她那朗朗的聲音迴盪在早晨的校園。

「接下來要講的是，伊索寓言。大家看過伊索寓言嗎？每一則故事都很短。」

花了二十分鐘左右唸完三本。

井原先回家一趟，接著去下一個目的地美山公民館。在說故事義工團體「胡桃之木」的協助下，這天由井原與兩位女性輪流唸完三本書給三位小朋友聽。

「你要不要試試？很有趣喔！」

我頑固地拒絕井原的提議，因爲不想違背自己的原則，做自己做不來的事。但出了公民館後又有點後悔。

坐在孩子面前說故事的井原，感覺和昨天有點不太一樣。雖然沒有明顯地改變聲調與速度，但她會適時地停下來，和孩子們交談互動。

就像堆疊石子一樣，每天很有耐心地堅持下去……

井原萬見子最常講的一句話就是：「我做的事到底是商業行爲，還是爲了地方公益呢？」雖然她開店，必須從事商業行爲，但地方上的人有時候並不是這麼看待井原。譬如地方上要籌辦與書有關的活動時，就會找她商量，請她幫忙。井原當然很樂意，但還是要謹守自己的原則才行。

我邊認同井原所處的窘境，邊覺得腦中像是起了霧，而且越來越濃。

書店是具有商業性質的存在嗎？

我想不少人都會回答「當然」。就算問井原，或許她也會這麼回答。

但用「商業」這字眼一概而論並不洽當。我之所以改變想法，是因爲看到井原進行說故事活動時的模樣。

書店眞的只是一種具有商業性質的存在嗎？

書的周邊還有很多這種無法界定、十分模糊的事情，不是嗎？

井原萬見子今天也繼續開店。本來想說看完說故事時間的活動便告辭離去，但後來又和她一起回到店裡待了下來。

起初來的是一位拄著拐杖的老婆婆，接著是騎著摩托車的中年男子，還有帶著小孩的男子。方才和井原一起說故事的女義工也來找井原商談八月要舉辦的說故事活動，而且大家都會順道買個冰淇淋、果汁，或是生活用品、書籍之類的。

就在井原忙著送客時，有兩個小學生模樣的男孩和一個女孩，匆忙地停妥腳踏車，衝進店裡。

「喔喔！歡迎光臨。」

「阿姨！有隻獨角仙死在那邊的馬路上耶！妳看到了嗎？」

「有啊！我有看到喔！」

「好大隻喔！這麼大隻耶！」

「阿姨，我來買KOROKORO。」

「還沒送來耶！JUMP下午才會送來喔！」

「人家好失望喔！」

「我也好失望！對了，阿姨，有賣蘇打嗎？」

「蘇打賣完了耶！今天進別的呢！這個是一百四十七。」

「阿姨，給你五千一張，找我五千。」

「你在說啥啊？」

「一共是四百六十二，所以要找四千五百三十八呀！這個是兩百一十二。」

孩子們搶著和井原萬見子說話，井原倒是挺有耐心地一一應付。眼前這幅光景，讓我想起母鳥餵食張口吵著要吃餌的小鳥光景。孩子們買完東西後，又迅速衝出店外，跨上腳踏車，屁股一碰到被陽光曬燙的椅墊，忍不住「好燙！好燙」地叫了起來。

「當然熱啦！要小心點嘛！」

井原步出店外，目送三人離去。我發現她每次一定都會送客送到店門外。

從店後方的那間小學傳來吹奏樂器的練習聲，而且好像因爲有人吹錯了所以暫停，再重新開始，就這樣反覆練習著。我就這樣聆聽著還稱不上純熟的樂聲響徹山巒間有好一會兒。

又有客人上門，我又失去告辭離去的時機。

「童書展」於一個月後開跑，我雖然沒有去，但書展開始幾天後，我和井原萬見子通了電話。

「這是我十年來一直想做的企畫呢！讓美山當地的小朋友們能夠一次看到這麼多的書。」採訪當時，井原這麼對我說：「對我來說，這是一個很重要的終點目標吧……」

可惜她的心願並沒有得到很好的回應，書展似乎辦得不是很成功。

書展結束後，正要開始收拾時，沒想到天公不作美，竟下起雨來。

那天，井原的店直到下午三點才開始營業。

然後天氣又突然放晴。

店開始營業後，住在附近的老爺爺邊喊著好熱啊！邊走進來買了一支冰淇淋。

又一如往常，什麼事都沒發生似的開始營業。

「總之，我已經做了很多努力，也會想著只要店開著，就會有人上門。但還是會有想一個人獨處的時候啦！不過只要店開著，就會像這樣有人來買支冰淇淋什麼的，有時候覺得這裡就是屬於我的地方吧！但也有覺得做得很無力的時候。這兩種心情交戰著。那我到底該怎麼做比較好呢？爲什麼無法如我所想的順利進行呢？」

井原萬見子總是對我這麼說。

# 第四章　脫離常軌的男人

## ——前澤屋書店店員・伊藤清彥的退隱

要是回到自己最熟悉的地方，還是會有幹勁。
但我已經沒有這股自信了。
我想我的時代已經結束了。

一定要清楚理解他所說的意思才行。

什麼是「我的時代」？

很明顯地，不是指自己被稱爲「教主級」書店從業人員一事，也不是指遇到被捧爲教主而得意不已的書店店員。也許有人會因爲這個頭銜而沾沾自喜，但他不是會隨這種事起舞的人。

那是除了暢銷書與備受注目的新書之外，店內四處也會陳列一些自己發掘到的好書，或是其他書店尚未察覺，但直覺今後一定會暢銷，於是決定大量進書一推買氣，飽嚐醍醐味的時代。同時也是每個書區都是活用長期累積的龐大讀書量以及人脈所構築出來，期待每天進的新書中，能遇到自己想賣的書的時代。

能讓「我」做這些事的「時代」已經「結束」。

自己的那一套已經不適用了。或許只是這種單純的意思，但話裡應該也隱含對「書市」現狀的失望吧！

雖然現今書店現場的醍醐味並未完全消失，但至少「我」已經退出那裡了。

澤屋（SAWAYA）書店的伊藤清彥，成為書店店員象徵的時代，確實已經結束了。

我拜訪位於岩手縣一關市，伊藤清彥的府上，與他拱著一張小小的暖爐桌對坐著。他的旁邊有個小小的書櫃，放著一本本包著封套，親手寫上書名和作者名的書。他家到處都是書櫃，果然都是採同樣的方式保存著。離我們稍微遠一點的地方堆著一堆紙箱，裡頭收納的都是書櫃塞不下的書。到底擁有幾萬冊？連他本人都搞不清楚。

房間一旁是面向庭院的走廊，吊著柿子乾。草木茂盛的庭院另一頭，有著溫室和幾戶人家，遠處是雄偉綿亙的山巒。這美景在夕陽餘暉的映照下，呈現橘色與黑影的鮮明對比。這庭院裡的土壤似乎特別肥沃，夏天坐在走廊上吐的西瓜籽，不知為何秋日一到竟結成果實。清早還曾在院子裡發現羚羊的足跡。往山裡散步時，還曾遠遠看到熊，嚇得落荒而逃。

伊藤清彥堪稱新書書店界最知名的書店店員之一。正確來說，應該是「曾經是」，因為現在這個家才是他的天地。他依舊不改愛讀書的嗜好，有時也會上網發表幾句，做做家事，過著閒適的日子。

初訪盛岡澤屋書店已經是十幾年前的事了。記得那時對於這家書店竟然敢用如此斷定的口氣推銷一本書，還真是有些瞠目。

一定會將這本書推上今年上半年最暢銷的推理小說
刑事小說史上最讚的傑作

店內四處立著這般醒目到讓人覺得傲慢的手寫海報。雖然有點特意炫耀的意思，但要是沒有擁有能夠判斷作品好壞的自信，也無法寫出這樣的文宣。

其他像是賣場的每一處布置，都令我印象深刻，尤其吸引我注意的是關於地方鄉土類書籍的陳列手法。澤屋書店是第一間讓我發現原來地方書店一定會擺的鄉土類書籍竟如此吸引人的書店；他們不是將這類書籍全集中在一處，而是從入口附近的話題書區到收銀台，四處都會陳列。譬如收銀台前便擺了一本岩手某村落一位傳奇醫師寫的書，兩旁則擺放乍看之下還眞搞不清楚與這本書有何關聯的作品。知道這三本書有何關聯的人看到，勢必會開心地想：「這書店可眞是用心啊！」不明就裡的人看到則是心生好奇：「爲什麼這三本書要擺在一起呢？」這間店裡到處都是透過「書」而形成的交流。

我開始比較有機會走訪全國書店，是在一九九〇年後半任職於一家小出版社時，從那時就感受到書店代表地方文化的氛圍已經越來越式微了。但我在澤屋書店，找到書店與當地文化融爲一體的新鮮感。

伊藤清彥在擔任澤屋書店店長時，成功打造過許多本「由書店創造出來的暢銷書」。就連出版社使不上力，早已出版過一陣子的書，只要這家書店一關照就能賣起來，甚至成爲暢銷全國的暢銷書；《天國的書店》（松久淳、田中涉合著，鎌倉春秋社。文庫版則是新潮社出版）便是一例。這本書自二〇〇〇年末發行以來，一年只賣了一千本左右，被出版社列爲準備絕版的書。但自從二〇〇二年這本書在伊藤清彥的巧手打造下締造銷售佳績，霎時成了備受矚目的話題書，進而成爲暢銷全國的暢銷書。當時兩位作者還發表如下的感想：

「這已經不是我們的書了，這是伊藤先生的書。」

伊藤「精準獨到」的敏銳眼光就此聲名遠播。一九九八年秋天出版時還沒什麼話題性可言的《五體不滿足》（乙武洋匡著，講談社），翌年瞬間大賣，全國唯一能確保庫存量充足的書店就是澤屋。發行時就有預感這本書一定會大賣的伊藤，趕緊調查是哪一家電視台預定製播作者乙武洋匡的特別節目，然後鎖定節目播出日期，於三週前向講談社大量進書，陳列在店內最顯眼的地方，吸引當地居民注意到這本書的存在。果然節目播放那天，很多熟客馬上想起「澤屋書店有賣這本書」。一時之間，「其他書店都買不到這本突然爆紅的書，只有澤屋書店才有賣」的傳言甚囂塵上，伊藤連這一點都計算到。靠著伊藤的獨到眼光，光是開始大賣的最初一個禮拜，就賣掉一千兩百本，當然事前向講談社洽商大量進書的人脈與交涉力，也是致勝原因。

其實這種眼力與才能，還添加了些許人情味。伊藤聽聞某家中堅出版社因爲人氣作家被別的出版社搶走而陷入經營危機，甚至被嘲笑「快撐不下去」，於是決定出手相助，幫忙那家出版社東山再起。這件事是我去盛岡時，那家出版社的人告訴我的。

在伊藤描述自己還沒成爲書店店員之前的經歷，以及他任職東京山下書店時期的《盛岡澤屋書店奮戰記》一書中，就蒐羅了不少這類富有人情味的小故事。

當伊藤清彥看到一本書的瞬間，連續劇般的劇情就此展開。

這樣的說法一點也不誇張，因爲眞的有好幾本書在當時人口還不到三十萬的盛岡，成功締造銷售佳績。隨著這些傳奇被廣爲流傳，伊藤清彥與澤屋書店，也跟著聲名大噪。

然而，他卻突然在二〇〇八年十月辭去澤屋書店的工作，成了待業一族。

追溯事情的原因，始於兩年前發生的事。離澤屋總店徒步只需一分鐘的地方，新開了一家淳久堂書店，而且賣場面積是澤屋的六倍以上，約七百多坪。加上當時AEON（永旺集團）在盛岡郊區開了兩間大型超市，大幅改變城市結構與消費者的動線。這種情況在其他地方也早有所聞。

當時我還以澤屋書店或是東山堂這些地方的老牌書店，面對這種變化該如何因應爲題，採訪任職盛岡市公所等地方行政相關人員。我之所以鎖定盛岡來探討這個在全國各地發生的現象，全是因爲伊藤清彥的關係。面臨AEON的開店象徵城市結構起了變化，連鎖商店爲求生存，只好拚命開店擴張等現象，像澤屋這類富有特色的老牌地方書店，還能繼續隱忍下去嗎？還是只要有能力與熱忱的書店店員在，就能克服這波變化？當然我很期待後者的存在，但當時伊藤對現況感到十分悲觀。他很坦白地告訴我，即便他們面對淳久堂書店、AEON的來勢洶洶早已擬訂策略，但最後很可能淪爲無謂的抵抗。在他眼裡，在全國各地廣開分店的連鎖體系，只有「城市的破壞者」這個令人厭惡的字眼可以形容。

對伊藤來說，將市民帶往郊區的AEON，堪稱是破壞長久以來共同體制的龐大資本集團代表，淳久堂書店則是直接掠奪客人的競爭對手，確實沒理由反駁他的這番話。尤其是以「只要來一趟AEON，就能滿足所有購物需求」爲訴求的AEON，它的出現無疑就是要逼退周遭的老店、中小型商家。那種猶如吸塵器將成排車子吸進去的模樣，甚至令人覺得毛骨悚然。但AEON畢竟是財大氣粗的集團，就是敢冒在未開發地區投入大量資金的風險；這也是他們之所以成功的理由。其實伊藤自己應該也明白，光靠批判AEON和淳久堂是靠「惡行」稱霸的說法，還是欠缺說服力。

那麼，伊藤清彥與澤屋書店面對這麼一堵高牆，該如何迎戰呢？雖然這是個和他最擅長的工作截然不同的課題，但我依舊很期待從盛岡那裡催生出什麼新東西。沒想到兩年後伊藤卻以離職劃下句點，著實讓我感到有些氣餒。

後來打電話聯絡，才得知他爲了照顧年邁的雙親，陷入蠟燭兩頭燒的窘況。那時他已經和妻子搬回一關市的老家，所以每天都是搭新幹線通勤。遠距離通勤加上照顧雙親，讓他越來越難在每天開店與關店時留在工作現場把關。伊藤最重視的就是每天早上打開紙箱，接觸到新書的那一刻，還有關店時確認今天的銷售情況以及書區的規畫等。

「身爲家中長男的我，大學時代便離家去東京打拼，所以現在該是我爲父母盡點孝心的時候了。雖然我知道這麼做也無法彌補自己對家裡的虧欠，但目前的我只想照顧好年邁的父母。」

翌年二〇〇九年，我藉著去東北的機會，順道去一關市拜訪伊藤清彥。雖然照顧年邁父母是事實，但讓他毅然辭退的直接因素，竟是公司裁員。業績持續下滑的澤屋書店，決定改由年輕新進社員來主導一切的體制，迫使伊藤與其他資深員工被迫離職。當我聽到他這麼說時，驚訝的程度遠超過當初聽到他辭職的消息，畢竟像伊藤這種具有個人特色的書店店員，是有其存在價值的，但隨著時間流逝，這個印象也起了變化。當時澤屋書店要重整內部，整肅人員編制是不爭的事實。伊藤這番話，道出雇主與員工之間，一翻兩瞪眼的無情關係，當然伊藤清彥與澤屋書店社長赤澤桂一郎雙方的說法，勢必不可能搬上檯面。

無論事情如何，伊藤清彥的離職確實是一大衝擊。因爲對我來說，他是展現書店店員能耐的大英雄，雖然很不喜歡世人給他冠上的「教主級書店店員」頭銜，但我深深地崇拜他。他那連續打響多本暢銷書的好手腕，以豐富的閱讀涵養，持續挖掘新手的貪慾，能獨占缺貨書的本領，讓與鄉土有關的書籍展現獨特魅力的賣場規畫能力等，雖然採訪他的機會不多，但他總是再三強調賣書這行爲憑的就是實力。

伊藤也確實讓周遭人們認識到他那驚人的實力。

任職書店時的他經常受邀上媒體，也曾受同業之邀到東京、九州等地演講。我也曾在自家的報紙多次報導過他。伊藤還受邀連載專欄。

一邊寫書、一邊發表評論的他，很清楚「書」的世界裡什麼是好，什麼是壞。他會對作者全力創作的作品毫不留情地批判，也會撿拾一本被消費大眾遺忘的作品，投以溫暖的眼神。

對於趨勢的走向提出疑問，站在少數的立場思考事情，這就是「書」世界最基本的姿態。正因這話出於屢屢有突出表現的伊藤之口，更具說服力。

關於書店的營運，伊藤也有一番嚴苛的見解。他的主張之一，就是「書店店員的配置應該兼顧男女老少」。他曾指出許多書店爲了節省人事成本，偏向聘僱年輕的女性工作人員，這是非常不智的做法。好比描寫暴力與性的硬派小說，其實有不少優秀作品，但礙於負責書店文藝書、文庫本的工作人員多是女性，以至這些作家和作品比較難冒出頭。畢竟每一位書店店員的判斷，可是攸關每一種領域與作品的生死，這是業界與經營者必須要有的認知。他無懼這個主張會被誤解成蔑視女性的發言，依舊堅持自己的看法。

書店賣場發生的事，往往會深深影響「書」的未來。他的見解與實踐始終是以書店現場爲主體，以關乎「書」爲前提。

如同前面所言，身爲公司員工也是知名書店店員的他，勢必受到周遭最嚴苛的檢視，但我從沒想過伊藤會因此受挫，還不時以記者身分，要他說些觸動人心的話語，所以我也是迫使他陷入窘境的加害者。沒想到自己會這麼想，眞的很可笑，因爲我深信他的一言一行，能成爲年輕書店店員的指標，所以對於促使他樹大招風一事，一點也不後悔。更重要的是，他的引退，勢必大大撼動書店店員存在的意義與將來。

我灰心到很想如此詛咒。

伊藤清彥的父親在他辭去書店工作的十個月後，於二〇〇九年八月去世，母親尚健在。

雖說想專心照顧雙親，但他並沒有打算完全隱居，還是在摸索如何回到業界。伊藤在父親去世前的一段時間，曾到一家連鎖書店工作。爲了方便照顧雙親，他還選擇留在一關市工作。那家書店離他父親住的醫院，開車只要兩、三分鐘就到了。

然而伊藤經過一個禮拜的實習後，回到熟悉的工作環境，卻不到三天便辭職。

「只能說我的判斷失準，也是因爲我太焦慮的緣故。」

這間書店就是伊藤最憎惡的永旺集團旗下投資的店。他批評這是一間會將手機小說擺在文藝書區最前面位置的店。

「所有商品的配置全由總部決定。我不是在說自己有多麼討厭這樣的店，而是這根本就是錯誤的做法，這麼做對客人實在太失禮了。完全沒考慮到依地區、客層來打造書區。由完全不了解一關這地方的總部來決定怎麼配置，這種書店絕對無法成爲好書店。」

我問他爲何不暫且忍耐，找個時間向本部和書店負責的人員說明一下呢？只見伊藤有點憤怒地說：

「他們的所作所爲根本是錯的！首先，它們否定人脈的重要性。我第一天上班時，就有以前認識的出版社業務來找我，絕對不是我叫他們來的，況且他們只是善意地來打個招呼，幫我加油打氣而已。結果這件事傳到總部，上頭的人竟然叫我不准和他們接觸。我的工作本來就和出版社有關，可是公司卻言明不准我利用這塊人脈。我並沒有完全否定公司的決定，也想說尊重每一家書店的做法，但與工作人員一起工作的那三天，眞的是越想越悲哀，因爲現場工作一切只能聽從總部的指示。早上因爲要空出時間和總部那邊開會，新書上架的工作只能挪後，這種做事方法根本沒辦法貼近客人的需求。而且辦公室還裝上監視器，方便總部隨時監控我們的工作情形。更誇張的是，店長的辦公桌旁竟然連張椅子也沒有。」

「什麼？」

「好像是上面要求上班時間不能坐下來的樣子，和某些零售業的做法很像，不是嗎？實習時還讓我們看監視器拍到的影像。我心想：哇！這樣工作時不是神經得繃得很緊嗎？根本完全不信任員工嘛！這不就是展店過多的弊病嗎？根本和我以前的做法完全不一樣，譬如我會挑客人比較少的時段，讓底下的人依序每次兩個人休息三十分鐘，然後忙碌的時候再拜託他們多承擔些。但是這家公司完全沒有判斷現場狀況的考量，這家公司的做事方針就是如此糟糕。」

伊藤蹙眉，伸手掏了掏左耳，然後將掏出來的耳垢彈進一旁的垃圾桶，一時間傳來與紙袋碰觸的小聲響。

「你很堅持一定要回新書書店工作嗎？」我問。

「我曾想過以後再也不回去，可是想想……還是有點不甘心（笑），還是會想找個地方回去，可是不會再那麼堅持一定要回新書書店工作。現在只想單純地做些與書有關的工作，只要能夠維持家裡的開銷就行了。如今無法在工作現場摸到書，這種感覺好痛。就連接待客人這件事，要是沒有待在現場，能力也會急速衰退的。」

「你所謂的接待客人是指什麼？」我又問。

「就是從事書店工作時能享受到的一種醍醐味，也就是當客人問你有沒有這樣的書時，如果知道，還能順便介紹客人幾本類似的書；如果不知道，我就會請客人方便的話，和我一塊去找找。因爲我希望其他客人也能看到我對待客人的態度，讓他們知道這家店對於每本書是多麼用心；這就是有趣的地方。如此一來，才能吸引顧客再度上門，和客人一起打造一家優質的書店，當然這些事都是要回到書店現場才能做到。我覺得被叫去總部看數字，一切聽從總部的意思配書，這樣的工作有何樂趣可言？雖然每種工作都有它身處現場的獨特樂趣，但我覺得書店是最棒的，既廣且深，和客人建立起良好的互動關係，讓整體工作環境變得更好。無法發現這種樂趣，只是像個聽從指令的機器人工作著，實在太可惜了。這樣工作還有樂趣可言嗎？」

伊藤說話時，雙眼閃閃發亮。我心想：新書業界少了一位這麼優秀的人，不覺得可惜嗎？當然要是他沒有開出必須離老家一關市很近的復出條件，肯定有人向他招手吧！但他一直說自己已經失去回到新書書店的動力了。

其實我也不太希望他回去。

距離在和歌山親眼見證井原萬見子的說故事活動，已經快四個月了。自己似乎被那時的所見所聞影響。

夏天快結束時，我去了一趟在長野縣伊那市高遠町舉行的「第二屆高遠圖書嘉年華」。這活動是由作家北尾TORO等人發起，推廣名為「將高遠打造成書香城市」的活動。因為沒什麼特別目的，所以有點猶豫到底要不要去，後來還是利用平日開車過去。北尾除了作家身分之外，還身兼製作、銷售，積極投入這場以「書」為主的企畫。我對一向以實際體驗為創作主軸的北尾，著實佩服不已。

如果有機會的話，也很想拜訪「書之家」。「書之家」是當初北尾TORO與在東京西荻窪經營二手書店HEARTLAND的齊木博司等人，希望藉由在高遠舉辦書展，將高遠打造成書香城市的發想據點。我對於企畫開始執行後，便毅然決然歇業，遷居高遠的齊木也很感興趣。齊木說自己只要能爬山、滑雪、小酌幾杯的話，到哪兒都能生活。從他身上，充分感受到身為新書書店的店長與店員們所沒有的輕盈與自在感。

書展嘉年華期間，只要遇到平日，遊客就少得可憐。這天在屋內有暖爐的木造古宅會場裡，正舉行以長野縣各地從事與「書」相關活動的人士爲對象的專題討論會，出席這場討論會的有小布施町的圖書館館長，以及在輕井澤經營書香咖啡店的負責人等。

之所以知道這場專題討論會，是因爲在長野縣大町市「主要商店街」所舉行的「街道圖書館」活動。負責主持這場活動的堀堅一以豪邁的口氣吸引聽眾，說明自己舉辦活動的目的。堀先生從很久以前就觀察到以「書」爲主的場所越來越少，而且市內年長者身故後，家人將往生者的藏書隨便丟棄的例子越來越多。雖然一般多是賣到二手書店，或是捐贈公共設施，但市內提供這類服務的地方並不多，Book off（大型連鎖二手書店）位於郊區的分店又十分偏遠。

像這樣被隨意棄置的書裡，有些是非常珍貴的絕版書。於是堀先生從三年前開始與商店街的店家商量，在每一家的店門口與店內設置「一個紙箱的圖書館」。讓來逛商店街的客人要是家裡有不要的書，可以放進這個紙箱，且任何人都可借閱放在紙箱裡的書，或是直接帶回家收藏。現在商店街共有二十多家商店配合放置紙箱。聽說有間牙科診所的院長非常贊同這個構想，還開放自宅部分空間響應這個活動。

聯誼會結束後正準備回去的我，在停車場被堀先生叫住。我跟他說今天的議題很有趣，他聲音宏亮地回道：「若眞的想爲書做點什麼，就要趁現在啊！」他的這句話響徹像罐子被打翻般，星星灑得到處都是的夜空。

「我看你在座談會上猛寫筆記，你是專門研究出版的嗎？」

「我不是什麼專家，只是對出版很有興趣。」我回答。

「那要向你請教一下囉！相較於以前的書都是漢字，看得很吃力，現在的書多是平假名，但要是不會讀漢字的人越來越多，那日本人的程度不就越來越低落嗎？譬如哥德的書，就是因為有人先翻譯成日文，才會有現在比較好讀的翻譯本，不是說哥德的書只要有現在的翻譯本就行了，以前的翻譯本也得好好保存下來才對啊！」

從看起來平常應該是踩著夾腳拖，昂首闊步逛商店街的歐吉桑口中聽到哥德這人名，還眞有點怪怪的。搞不好以前就有很多像他這樣的地方仕紳，所以也沒什麼好奇怪。

「紙箱裡收集了很多書，之前還看到樋口一葉的初版書呢！我每天都會回收所有的箱子，然後將像這樣珍貴的書收集起來，想說日後找個地方好好保存。」

商店街裡也有當地人經營的新書書店。

「想起那件事還眞是讓我感動呢！我可是抱著下跪懇求的決心去了一趟書店，向店家說明擺置紙箱不是要打擾他們做生意，只是想為地方做點事情，希望店家能理解，沒想到老闆竟然向我道謝呢！他說要是喜歡看書的人變多，買書的人也會跟著增多，所以他很感謝我這麼做。聽到老闆這麼說，眞的很開心。」

之後我去了一趟大町市。原來堀先生是一家專門販售建築材料公司的營業課課長，他之所以會發起「市街圖書館」這活動，除了參加專題討論會得到一些啓發之外，也是因為有條「已經榮景不再的商店街」來向他請益該如何重振商店街。

「講到如何活化地方，就會想到增加人口之類比較激勵人心的方式。其實不必開些沒必要的道路，生活空間擠一點，反而更能拉近彼此的距離。人口少也有人口少的好處，即便過著不算富裕的生活，也能享受人生，這才是生活在小地方的眞正價値。」

其實最令我不解的是，爲何商店街的人要來向他請益？後來才知道堀先生在大家眼中是一位幽默風趣，善於溝通，熱心公益，學識又淵博，深受大家敬重的長者，絕對不是什麼「平凡的歐吉桑」。

大町市的觀光特產就是稱爲「女清水」與「男清水」這兩種好喝的水。稱爲居谷里的湧泉水質十分軟，有別於水質較爲硬一點的阿爾卑斯白澤湧泉，所以才用男女的稱謂來區別。商店街裡到處都是免費的汲水場，還貼心地提供貼有特製標籤的免費寶特瓶。

在高遠的專題討論會上拿到的傳單上就寫有稱爲「女清水」與「男清水」的湧泉，與分隔東西兩邊的村落有何關聯的傳說。我向堀先生請教這傳說是從何時流傳下來的，只見他一派從容地回道：「平成十九年。」

「應該是這時間沒錯，因爲這是我寫的第一個故事。」

「堀先生寫的？」我很訝異。

「是啊！八成根據事實，二成是我自己的創作吧！反正各地方留下來的民間傳說、故事之類的，都是這樣誕生的啊！如果我寫的故事夠好，搞不好還可以流傳千古，要是寫的不好，幾年後就不會有人記得吧！」

堀先生說他約莫從四年前開始寫民間故事、傳說，並非為了賺錢，也沒有打算結集成冊，只是當他聽聞當地居民有什麼煩心事，便寫個故事送給對方，鼓勵對方。

「先不聊寫民間故事的事了。總之，『市街圖書館』能夠辦起來，眞是太好了。我覺得這麼做感覺更實在。三年過去了，現在不用我做什麼也能順利進行。」

從JR大町車站前開始綿延的商店街，的確看到四處都放著紙箱。我問了店裡的人，確實是免費的，沒有誰能從中獲利的公益行為，這活動意外地頗受好評。我看到有個紙箱裡放著一整排當地出身的某位推理小說家的書，不難想像之前買書的人為了收集這些書，也費了不少心思。那麼，商店街裡的店家是否都很支持這個活動呢？看來有些店家很積極，有些店家卻不是如此。

秋天時，我受邀參加由文生書院社長，同時也是全國二手書商聯合商會理事長小沼良成擔任主講人的演講。邀請我的人是在東京高圓寺負責企畫書展等活動的主辦人，亦即位於高圓寺的書香咖啡店「茶房高圓寺書林」負責人原田直子。這是我第一次接觸二手書店業界，參加了幾場由二手書聯合商會舉辦的研討會，也聽了小沼所講述的二手書店經營之基本與現況的演講。

小沼講了一句令我印象深刻的話，那就是：「自行加工」。能夠自己企畫每本書及其種類，自訂市場價格，從中獲利，是從事二手書銷售的一大樂趣。順利的話，數萬日圓買進的書，有可能以數百萬日圓，甚至數千萬日圓賣出。所謂「自行加工」，意即進行一連串美化加工。根據小沼自身的經驗，近幾年在二手書店業界蔚為話題的事，都是靠買賣二手書翻身的業界傳奇，當然要待在這個發展已臻成熟的二手書市場，不是件簡單的事。也就是說，想收藏稀有珍本的藏書家，已經越來越少。

然而，古書還是有其淺顯易懂的「傳承」魅力。

有別於新書售價必須受制於出版社的零售價格，在身為舊貨商的二手書店裡，書價是自由流動的。依每個人處理每一本書的方法，或是老闆的美化加工，有可能高價成交，也可能便宜賣掉，但書的內容並沒有任何改變。

在二手書店，有可能以一百日圓或是幾百日圓買到紀元前出版的整套《國家》，若有那種舊到已經破破爛爛的文庫本的話。但要想買從江戶時代一直保存下來的初版《解體新書》，可能要花上好幾百萬也說不定。所以二手書店不是光賣百元的便宜舊書，也可能遇到那種任何人都想得手，能以百萬日圓高價賣出的書。而且內容的價值不一定會反映在價格上，重要的是東西是否稀有。雖然稀有性在電子書興起的時代，究竟具有什麼意義？二手書店業界恐怕也得面臨這個問題，但只要看一眼，就能明白這本「外觀看起來舊舊的書」是歷經了多少年而保存下來的珍品，同時也是作為評斷價值的基準。

雖然切入的角度與二手書不同，新書有所謂的維持轉售價格制度，亦即在零售價格不能變動的條件下，將「書」的內容與價格價值切割，透過金錢進行交換的一種儀式。其實無論新書還是二手書，只要是從事與「書」相關的職業或事業之人，都必須講求業績與利益。但只要一想到本來無法以金額估算價值的東西，卻硬是被冠上各種體制與附屬價值，然後成了與利益劃上等號的商業行爲，就覺得不該純粹只是把「書」當成一種商品對待，也許還有更適當、更好的對待方式。

小沼良成說他正在收集每一年的《山東三州日裔美人電話住址名錄》史料，準備復刊，重新發行。所謂「山東三州」是指位於美國洛磯山脈東邊的三個州，而這本名錄就是彙整住在那地區的日裔美人的聯絡方式。小沼開心地說，他終於找到一九五八年版的名錄。雖然這東西也能標上價格，成就一筆交易，但比這更重要的是，我們能讓這本書從這世上消失嗎？它具有的是紀錄與傳承的意義。

再從二手書店的世界回到新書書店空間。不利於書店老闆、書店店員的事也是越來越多。

淳久堂書店的福嶋聰，在其著作下了這麼一個定義：「讀者是書的贊助者。」（摘自《希望的書店論》）書籍不單是消費財，也是一種必須有贊助者支持才能存在的東西。在一切講求市場經濟的現代，讀者藉由買書的行爲，成了給予作者再次創作機會的贊助者，我想這是從新書書店的立場來說明「書」的本質。作者寫書以換取收入，基本上只有在被當作新書販售的這段時期，所以如何看待新書，書店著實扮演著重要的角色。

問題是，現在還有多少書店店員感受到這個社會責任呢？每天大量進書，大量退書。

身處消費最前線，必須優先考量當前銷路好或不好的情況越來越多。身處書籍洪水中的自己只能「制式化地工作」著，我想應該有不少書店店員都有此感慨才是。

照理說，在新書書店工作，能夠搶先看到新出爐的作品，應該很開心，卻又覺得這種搶頭香的機會似乎也沒那麼必要，還是因爲非常清楚自己所做之事的意義，所以不想再這樣面對「書」呢？

譬如，創立日暮文庫的原田眞弓便是一例。

當然事情沒那麼簡單。創業已經半年的原田眞弓遇上撞牆期。

完成第一章的訪談後，我有時會順道去一趟日暮文庫，不是爲了採訪，只是純粹與原田閒聊。總是那麼健談的她，也許是那種很害怕氣氛沉下來的人。而且每次問她一個問題，她都會在搜尋答案時，又把話題拉得很遠。中途再提問，她又把話題扯得更遠。她的腦子裡不斷冒出許多想法，繼續著她那不著邊際的談話。雖然這是她的一大魅力，但就在我們閒聊時，有件令我在意的事，卻不斷在心中膨脹。

那就是沒有半個客人上門。

過了一小時、兩小時，還是沒有半個客人上門，也許因爲是平日白天造訪的關係，後來我試著換個時間拜訪，發現雖然有一、兩位客人上門，但果然還是沒出現來客不斷，忙得連招呼我的時間都沒有的情況，除了定期舉行的青空市那天例外。若說是因爲受到商店街平日逛街人潮的影響，似乎也說不太過去，畢竟旁邊的蔬果店還有斜對面的肉店，人家又是如何維持生計呢？

當我們在店裡閒聊時，不時有人站在外頭的廉價書區和箱子前翻看。原田會邊和我閒聊，邊等待他們往我們這裡看。一旦眼神交會，原田便會微笑點頭，招呼他們入內，但對方往往立即別過臉離去。我有點在意該不會是自己杵在店裡，別人才不好意思進來。

我還是不太習慣這只有五坪大的狹小空間，身旁的書架倒是再熟悉不過了。原田會三不五時地整理一下，譬如雜貨、或是直接向出版社進貨的新書，我每次去的時候都發現有更換過。小桌子的位置也常變動，牆上貼的書訊與手寫海報，看得出是經過反覆試驗才摸索出來的。但我想可能馬上就看不到這樣的變化了。明明同樣是被「書」包圍的空間，卻無法和大型書店一樣只專注賣「書」。

由來客狀況看來，業績想必慘不忍睹。當我聽到至少一天要賺八千日圓時，還有點驚訝，但後來曉得還有比這更慘的日子時，也就不足爲奇了。雖然原田也有透過郵購的方式，或利用週末去其他地方參加書展活動等拚點業績，但一切的基礎還是在這家店。

我每天都過著入不敷出的日子。

有時候眞的覺得很沮喪，懷疑自己還撐得下去嗎？

我們閒聊時，原田偶爾會冒出這些話，當她提起自己待在PARCO BOOK CENTER、LIBRO時期的經驗時，口氣又變得興奮。她還會語帶懷念地聊起那時走路就可以到的池袋一帶、或是涉谷大型連鎖店的熱鬧景象。

我則是和她聊起自己的所見所聞。當我向她提起福嶋聰以「紙本書與電子書」爲題的演講內容時，她也說出自己的看法。

「我認爲電子書風暴遲早一定會來。你說文字書？這類的書應該都會往電子書那邊靠吧！我想不久的將來，席捲出版社的電子書風暴就會到來。」

「妳是說譬如小說之類的，基本上都會電子書化？」我問。

「嗯，譬如村上春樹先生的新書一定會出兩種版本，一種是針對有興趣的讀者推出的電子書版本，一種是針對村上迷推出的紙本書，而且設計得十分豪華，讓書迷可以裝飾自家書櫃。」

目前所謂的電子書，大多是指「能在數位畫面閱讀紙本書的內容」，我實在很難想像這種東西會全面滲透我們的閱讀習慣。電子書達到普及化的結果，是不是變成閱讀的一方可以不斷改寫？或是內容必須時常更新呢？好比要確立一位小說作家的寫作風格，必須向他當面確認所有內容無誤才能收入紙本書，不是嗎？

閒談之間，我知道她以自身立場，敏銳地觀察出紙本書未來的走向。她似乎一直告誡自己要是抱持一派樂觀地認爲紙本書還是很強的話，書店肯定經營不下去。看到她這樣的態度，促使我不得不重新思考「紙本書與電子書」這個議題。的確從莎草紙進化到紙，或是從手抄本進化到印刷技術，這些都是爲了提升記錄、保存、攜帶、傳達等功能而產生的過程。所以你能斷言今後不會有只要按一個按鈕，就能散布資料的電子書嗎？必須改寫的東西適合做成電子書，必須確立寫作風格的東西適合做成紙本書等，也許我的種種想像到頭來只是站在紙本書一方的發想罷了。反正只要看過一遍就行了，沒必要買紙本書占空間，這種生活風貌滲透我們的生活，就理論上來說並無矛盾之處。

「這樣的想法也會反映在這家店的書架上嗎？」我再問。

「明明已經來了好幾次，怎麼連這種事都還不明白呢？」

也許她心裡這麼想。

「我是這麼打算的，也就是以非紙本書狀態不可的東西爲主，像是必須用到手工才能做成的作品，或是只有紙本書才能表現出質感的作品，不過現在還沒辦法如此精準地挑選就是了。因爲大部分客人還沒意識到這股趨勢的變化，所以我還是會擺些新書、文庫本，甚至我認爲早晚都會電子書化的小說。」

的確誠如她所說的。她在這處空間主打的是以強調紙的質感，一些非主流的文化誌，以及就視覺設計來說，還是用紙比較能夠呈現美感的圖文書。

這本非得用紙本不可，這本電子化就行了，我們兩人逐一確認書架上的書。「還是用紙本呈現比較好」的意思有很多種，像《生活的手帖》還是用紙本比較能展現編輯內容，以及原田擺置的一本二手書《Quick Japan》等，小開本裡塞滿文字的編排方式也與編輯內容息息相關。書架上還擺著非主流設計師設計的明信片、便箋，向批發商進貨的沐浴劑等，這類只會削弱「書店」印象的雜貨，當初還令我有點不滿，原來這也是她的一個經營方針。

「這樣的分法到底好不好，我也不是很確定，只是覺得自己好不容易走到這一步。」

雖說如此，擋在原田眞弓面前的是一堵難以力抗的大牆。

畢竟來客量太少是不爭的事實。很明顯地，開店已經半年以上的日暮文庫，還沒有辦法駕馭這波大浪。

無論是發起「市街圖書館」活動的堀堅一、文生書院的小沼良成，還是日暮文庫的原田眞弓，他們都沒辦法得到什麼確定的答案，伊藤清彥的復出舞台也不見得非要新書書店不可。一想到這些，就覺得與他們的相識眞的深深影響了我。

這期間還聽聞一家書店倒閉的事，於是我約了被公司告知關店並同時解雇的這家書店店長碰面。在這家公司從二十幾歲工作到將近三十歲的他，並未犯下任何職務過失，但想要在這每年約一千家書店倒閉的時代倖存下來，需要的不見得是卓越的能力。這位店長一臉淡定地告訴我，連續的赤字讓社長不得已做此決定，所以不知爲何他對公司也恨不起來。

此外，經銷商與出版社透過ＰＯＳ管理系統的資料，隨時都能掌握最新情況，串聯全國的銷售手法也逐漸確立，取代了像伊藤這種擅長擬定銷售策略，成功將一本本不受青睞的書推向暢銷書的書店老將經驗。所以就算這樣的長才，對於統一控制物流、銷售的一方來說，還是有其必要性，但有必要回去這樣的體制下被人利用嗎？

伊藤不時提到某本書在他的極力促銷下賣了幾千本，巔峰時甚至一個月銷售多少本等，一再強調一般書店店員根本不可能做到的「數量」與「金額」。

雖然現在的他拿不出什麼讓周遭一目了然的具體數據，但書店未來的模樣，不就隱藏在現在無法以數據誇示實力的他身上嗎？

伊藤清彥也讓我看見有別於「書店店員・伊藤清彥」的另一面。

我偶然得知他也有使用推特。

二〇一〇年八月，一本名為《傷痕累累的店長》（伊達雅彥著，PARCO出版）的書出版問世。因為是敘述某家書店店長充滿糾葛、苦惱、鬱悶與委屈，偶爾也會有小小喜悅伴隨的每一天，以及一直到他離開工作岡位的歷程。我不但參與了這本書的連載企畫，也擔任編輯與發行單行本等相關作業。這本書不但揭露不少書店從業人員的心聲等善意的感想，也有報導負面的批判聲音。

因為很在意書店從業人員對於這本書的看法與感想，所以有段時間我常上網搜尋相關訊息。幾乎不太使用推特等社群工具的我，雖然知道不少書店店員都有使用推特的習慣，但因爲自己很少接觸，所以也不太注意這方面的訊息。後來發現這類社群工具雖然屬於公開性質，但其實也可以偷偷地看，不參與討論，這點倒是吸引了我。就在我搜尋關於《傷痕累累的店長》這本書的相關評論時，意外發現不少自己認識的人都會透過社群工具，跨越任職單位、居住地區的限制，互相交流情報與意見。

於是我偶然在推特上發現了伊藤清彥。

剛發現那時，可能是因爲才成立不久，所以跟的人不多，但我對他的推文很感興趣。他的推文，以紀錄個人的事情爲主，然後ＰＯ些意有所指的訊息。我最感興趣的是他介紹自己讀過的書，雖然只有少數幾本是比較知名的作家與作品，不過倒也沒有那種除非是嗜讀者，否則不會感興趣的書。大部分的介紹文都只有短短兩、三句，但一定會附上具體的書評，彷彿回到他最拿手的選書工作，介紹文也讓我不由得想起澤屋書店裡隨處可見的手寫海報。

伊藤清彥基本上一天介紹一本，有剛買的書、重讀的書，也有買了卻一直沒看的書。此外，他堅持去住家附近的小書店訂購，哪怕等上幾天，甚至一個禮拜，就算多花點時間，他也絕不利用亞馬遜之類的網路書店購買。這種既是推文也像個人書信，讓人清楚感受到手寫自訂各種原則的表現方式，竟讓我感受到一股莫名的魄力。

「難道這是爲了準備隨時回歸職場的暖身運動嗎？」

聽到我這麼問，伊藤只是嗯了一聲，笑著說：「要是這樣就好了。」

我邊誘導他說出答案，邊在內心否定他的答案。伊藤的追隨者越來越多，雖然他和從沒見過面的年輕書店店員之間的交流讓我很感興趣，卻也覺得他的推文越來越融入推特的框架中，明顯失了新鮮感。

聽說伊藤曾因爲一關市圖書館的藏書不夠豐富，一再要求館方改善，甚至直接找圖書館裡的人員溝通。也聽說有個組織計畫將與岩手縣有關的絕版書予以系列化的重新發行，特地登門向他請益。就算沒有回到原本的工作岡位，伊藤清彥還是持續做些活用他一路走來的經驗的工作。

最特別的是，以往那個以善用大量促銷手腕聞名的伊藤清彥，已從「主動出擊」的立場轉換到「幫助別人」的立場，無疑是一大改變。

然而，關於重新再版與岩手縣有關的絕版書計畫，最後因爲與主事者意見不合，在內容的選擇上看法迥異，所以伊藤選擇退出。

至於圖書館方面，地方政府計畫統合一關市內七所圖書館，預定於平成二十年完成一間具有中央圖書館功能的新設施計畫，伊藤也以委員身分受邀出席籌備會議。但新設施的預定地卻遭市民反對，導致計畫延滯，籌備委員會內部也是意見分歧，加上地方政府行政效率不彰，所以目前這項計畫依舊混沌未明。

雖然事情都不如想像中來得順利，但伊藤說他每次去圖書館，就會覺得自己投身圖書館的可能性很高。

「其實盛岡那邊的圖書館也是一樣，長久以來對圖書館的不滿聲浪，一直都沒斷過。像是以小孩子爲對象的童書、繪本這一塊，因爲目標對象清楚，所以書種還算齊全，也常辦說故事時間之類的活動。但國中生以上，尤其是大人的這一塊就做得很糟，完全沒有想到利用書本向當地居民傳遞訊息，讓他們也能盡享書中樂趣。圖書館的人員絲毫不去思考如何充分發揮書本的魅力。特別是小說區，根本是要什麼沒什麼，書種不夠豐富。」

「意思是，圖書館的藏書基準要比照書店囉？可是買書與借書是兩回事吧？」我說。

「是沒錯，但多少有點不太一樣。有別於一切以銷量、利益、營業額至上的書店，圖書館是根據批准的預算來運作的。但我覺得該擺些什麼書的基本原則是一樣的。要想讓人感受到閱讀的樂趣，至少要懂得去思考這個領域要擺些什麼書，該怎麼擺，而不是一味依賴ＴＲＣ（圖書館物流中心。即以圖書館爲主要客戶的出版品經銷商）準備好的書單，這樣圖書館根本沒有選書權。」

「意思是，關於書區的打造，基本上都是依賴經銷商這一點，與新書書店面臨的問題很類似？」我問。

「沒錯，像是以借出的冊數爲評價基準這一點也不好。譬如日本小說，每間圖書館都有很多內田康夫的作品，卻完全不會去發掘或注意那種雖然只出了三、四部作品，卻很厲害的作家。只有一館稍微積極些，會召開關於選書工作的讀書會，其他圖書館雖然也有設法改進的意思，但當我向館方提出具體的改善方法時，卻又遭到婉拒。他們的理由是，圖書館員只會按照TRC給的分配號碼順序排書，要是破壞這個制度，他們就很難做事了。所以這辦法不可行。像這樣連主事者自己都搞不清楚情況，也不願正視問題，那就沒什麼好說了。」

「也就是說，即使圖書館變得像書店也行囉？」

「圖書館與書店的最大不同……就在於圖書館是個不是零就是一的世界吧！幾乎所有書的庫存量不是零就是一，書店則是只要能賣，一次就能下幾十本的量，再看實際操作情形如何。我想就是這一點不一樣吧！」

「關於書區陳列方面，難道圖書館沒有什麼值得學習的地方嗎？」我又問。

「雖然我覺得一關的圖書館都沒什麼值得學習的地方，不過最近預定舉行讀書會的一館還不錯啦！因爲前任館長似乎做得很不錯，所以現在被拔擢到福島縣南相馬市的圖書館擔任館長了。我去了一趟南相馬，果然很棒，簡直可以媲美書店呢！我覺得書店店員都應該去那裡觀摩一下。無論是樹立店裡的特色、打造書區的祕訣，這間圖書館隨處可見巧思，不像一般圖書館，充其量只是擺書的地方罷了，要是這裡的圖書館也能像南相馬那樣，我一定會想去小試身手吧！」

但我的時代已經結束了。

進行訪談時，不斷從伊藤口中冒出這句話，只是變換口氣而已。聊完圖書館的事之後，又聊起他以前在澤屋書店時的事，他說自己大可打壞自己苦心打造出來的書店，但終究還是狠不下心。伊藤在推特上自嘲自己是個「過了賞味期限的前書店店員」。

「我想自己在當書店店員的那段時期是，只要肯做就能得到成果，最後也是最美好的時代。」他還這麼說。

記得自己聽到他這麼說時，還有點生氣，畢竟我來可不是為了要聽他說這樣的話。

那時候眞好——常聽到上了年紀的人將這句話掛在嘴邊。難道說這話的人，絲毫未覺這是如何藐視自己的一句話嗎？「那時候眞好」的意思就是「現在不好」，也就是現在自己所做的一切已經無法傳承「很好的那個時候」，不就承認自己現在所做的一切沒有半點傳承的價值嗎？

若是眞正必須做的事，就一定會傳承下去。所以要是我聽到有人說他做的都是些沒必要傳承的事，我會覺得說這話的人是在發酒瘋。沒有人所做的一切都是沒必要傳承的事，因此上了年紀的人不該說這種話。

有時伊藤說完「我的時代已經結束了」這句話之後，還會喃喃自語：「嗯……我自己也搞不清楚就是了。」似乎連自己也不明瞭自己為何這麼說。

每次他這麼說時，我的腦子裡就會浮現一位書店店員的身影，搞不好伊藤也是如此。那個人就是田口幹人。伊藤清彥準備離開澤屋書店之前，有個人像是要來接替他似的進入澤屋書店工作。我很久以前就從伊藤口中聽過田口幹人這名字，我們每次提到他時，伊藤最後總會這麼說：「要是他來澤屋的話，我會二話不說，把店長的位子讓出來。」

# 第五章　化為星星的男人

## ——前書店店員・伊藤清彥今後的動向

前往一關採訪伊藤清彥的同時，還順道去了一趟盛岡。

那時，《安政五年的大脫走》（五十嵐貴久著，幻冬舍文庫，二〇〇五年出版）這本歷史小說就擺在JR盛岡車站內的澤屋書店FES"AN店店頭最顯眼的位置，決定這麼陳列的，就是這家店的副店長田口幹人。他除了透過澤屋書店FES"AN店的推特平台力推這本歷史小說之外，加上大量進書的雙重促銷下，其他書店也開始注意到這本書，紛紛跟進。

店內中央靠近收銀台的位置，也就是擺滿推薦文庫本的大平台最前面一排，堆著在其他書店不太看得到的書，還林立著強調每本書有何特色的手寫海報。店內除了裝飾得比較花俏的區域之外，也有沒任何手寫海報、氣氛比較沉穩的空間。配合人來人往的車站環境，文庫平台擔任醞釀熱鬧氣氛的主角。相較於其他車站內書店，這家店最大的不同點，果然就是平台上陳列的陣容，像是全國暢銷文庫、知名作家的新書多擺在第三排之後，最前面的位置，全是標榜「澤屋獨家嚴選」的書。

《安政五年的大脫走》就擺在最前面一排的中央。

手寫海報的文宣頗吸睛。

幫幫忙啊！這本近年來最好看的時代娛樂小說快賣光了！這麼有趣的作品要是賣光了，幻冬舍文庫也不會再出版了。

此一顯目的文宣，正是田口幹人的傑作。只見他笑著說：

「幻冬舍那邊總算有意檢討是否要再版的樣子，不過他們想知道到底是什麼樣的手寫海報，能讓銷量竄升，所以我用數位相機拍了幾張傳給他們看，但還沒收到回應就是了。」

是要討論將他的文宣影印發送給全國各書店嗎？問題是，那句「不會再出版了」，恐怕會對出版社造成困擾。

《安政五年的大脫走》這本已發行五年，連初版都還沒賣完的文庫本之所以能締造銷售佳績，不單是因爲原先默默無聞的作品霎時成了話題之作的關係，其實背後還有一些緣由。

對書店來說，幻冬舍是少數幾家出了名的難搞出版社。哪一段時間、哪本書要作爲銷售的重點書，都是由幻冬舍自己掌控決定。換言之，很多時候書店就算「想賣這本書」，要是沒有辦法配合幻冬舍的方針，也沒辦法下自己希望的量。雖然有些大型出版社也會採取類似的做法，但擁有最多大咖級小說作品與作家的幻冬舍，顯得格外引人注目。

但也不能一概否定這種做法，畢竟對製造商來說，掌握通路、銷售的主導權是很重要的，至少幻冬舍的態度很明確。相反地，也有期待由「書店創造暢銷書」，以書店方針爲導向的出版社，只能說每一家出版社的做法不盡相同。

幻冬舍只讓少數幾家書店能夠下自己希望的量，可惜澤屋不在他們的口袋名單中，再不然就是爲了配合幻冬舍的出版方針，書店被迫接受幻冬舍要求的量。一本書在不同書店店員的操作下，究竟何時會散發什麼樣迷人的魅力，這種事是無法預知的。透過推特這個平台，促使全國各地書店也注意到《安政五年的大脫走》這本書，進而迫使幻冬舍考慮再版的田口幹人，他的本領確實改變了一向由出版社、經銷商主導的物流體系，也是一件由書店現場提出改善方案的成功案例。

伊藤清彥開心地聊著田口的豐功偉業。

「那傢伙選的書就是和其他書店店員不一樣，就算選的是同一本書，他也會讓這本書變得不一樣。」

如同以往伊藤清彥的手寫海報文宣慣用「第一」之類比較篤定的口吻，田口幹人在《安政五年的大脫走》這本書的文宣上也用了「近年來最好看的時代娛樂小說」這種誇示的口氣。兩人爲了刺激銷量，都會使用比較誇張的形容詞，這一點可說是英雄所見略同。基本上敢用「最好看」這個字眼，前提是要看過所有「近幾年」出版的時代小說，才敢如此誇口，但怎麼想都不太可能。話說回來，要是沒有對時代小說這個領域的作品多所涉獵，是不敢寫出這樣的文案。

絕大多數的書店店員頂多只敢說：「這本書很不錯」、「很有趣」之類的評價，倒也算是誠實的態度，但就表現出來的力道而言，差別眞的很大。

「以小說爲例，大部分的書店店員至少看過一、兩千本小說，差一點的話，起碼也累積了幾百本的量。田口從數以千計甚至萬計的閱讀經驗中，注意到《安政五年的大脫走》這本書。雖然他和其他書店店員一樣，也是透過網路或手機猛力推薦『這本書很不錯』、『一定會賣』之類，但田口絕對不同於其他人，這點只要從刊載在網路上的書評，便能窺知差異。田口的閱讀經驗顯然優秀多了，但也不能斷言優秀的人才就只有他一個。雖然他的年紀比我小很多，但我看得出來，他是個底子深厚的書店店員。」伊藤說。

聽說田口負責時代小說書區時，前後一共看過約六百本時代小說。

「要是無法找到值得推薦的作家的代表作，便無法打造出成功的書區，這位作家也就無法在時代小說的洪流中占有一席之地。尋找一位作家的代表作，不是參考他過去哪一部作品最賣，也不是看他得過什麼獎，而是要自己去看，找出這位作家的神髓，而且不能只是挑著看或採速讀方式迅速瀏覽一遍，一定要認眞地讀通才行。我想只要養成習慣，就會比一般人的閱讀速度來得快，不過還是得花點時間就是了。」

「如何才能讀完六百本書呢？」我問。

「像我自己專注力最強的時期，一個月大概看九十本吧！譬如上晚班時，就利用早上三點半起床到出門上班的這段時間，連續看完三本書，當然這段時間就幾乎無法接觸其他領域的書。我想就像魚店老闆必須知道每條魚吃起來的口感，還有怎麼料理才會美味的方法，道理是一樣的。透過推特能和各種書店店員交流，眞的很有意思，也從中得到不少啓發。還有人問說如何確保閱讀時間，這問題倒是讓我很在意。基本上，要是把時間都耗在網路上，而沒時間靜下來看書的話，那根本是本末倒置的做法。」

看了六百本小說、一個月看九十本，伊藤自己也覺得這樣的數字頗驚人。這些「數字」也讓我聯想到一件很重要的事，那就是我想記錄一下支撐裝飾在店頭手寫海報底下的是如此雄厚的實力。

田口幹人，一九七三年生，岩手縣西和賀町人。這地方離秋田縣很近，是東北知名的雪鄉。田口的老家位於湯本溫泉的一條小溫泉街上，從祖父那代就在經營一家名爲「鞠屋」的書店。田口就讀東北學院大學，但讀到大二便休學，過了一段打工生涯後，於一九九五年進入盛岡市第一書店工作。他之所以選擇進入書店工作，是爲了學習如何經營書店，以便繼承家業。

當時的第一書店就開在澤屋總店的斜對面。田口與一九五四年生的伊藤雖然相差十九歲，兩人卻十分投緣，伊藤每次去盛岡出差，和出版社的業務相約喝酒時，都會找田口作陪，而非自己公司的後輩。

串起兩人情誼的當然是書。田口記得在一場盛岡書店與出版社人員的聚會上，田口不知道是因爲什麼話題，忽然提到武田泰淳的作品《富士》。只見伊藤馬上興奮地說：「你可是我認識的同行中，第一個聊起《富士》這本書的人。」於是兩人開始忘我地聊了起來，發現彼此都是大量閱讀的嗜讀者。

因為《盛岡澤屋書店奮戰記》這本書中有提到伊藤的閱讀經歷，在此就省略不提了。至於田口，也有一段依序讀完中公文庫等，終日埋首書堆的時期——雖然大學休學，獨自租居仙台市公寓的田口就這樣沉浸在書香世界中長達兩年多，但他還是邊打工，邊賺取基本生活費，除了去圖書館借書之外，也會去二手書店買書。也就是在這段期間，他決心繼承老家的書店。

《盛岡澤屋書店奮戰記》一書中，也有出現類似田口那樣埋首書堆的光景。伊藤清彥也是大學唸到一半休學；二十幾歲時的他，也是過了幾年除了看書之外，什麼事也不做的日子，就連兩人後來進入書店工作的過程，也很類似。

「進入澤屋書店工作的最初四年，是我覺得最充實的一段時期。換句話說，這四年代表了一切，也劃下了句點。」伊藤這麼說。

為搬到離老家近一點的盛岡，他於一九九一年夏天，從東京的山下書店跳槽到澤屋書店，然後於一九九二年升任店長。澤屋於一九九四年在總店旁邊開設了童書專賣店「MOMO」。

「我剛進澤屋時，幾乎沒什麼出版社的業務員會來書店走動，雖然我在東京工作時累積了一些人脈，但還是決定從頭開始做起，每天巡視賣場了解書況，一整天都在想如何提升來客量，可以說整副心神都投入於書店。」

在此之前，伊藤在山下書店做了九年。在兩家店擔任過店長與副店長的經驗，讓他更如虎添翼，「最初的四年」便讓澤屋的業績成長兩倍。澤屋書店在出版社與經銷商的眼中成了備受矚目的存在，不但專程前來拜訪的業務員增加，接受當地報紙、業界報紙採訪的機會也跟著增加。伊藤從早到晚都離不開賣場，要想維持每天看書的習慣，也就變得困難重重了。

二〇〇二年前後，伊藤清彥的名聲迅速在業界傳開，這時的他就有了不好的預感。

「業績加倍成長的結果，意味著下一個四年也必須加倍成長才行。一旦成長遲緩，就是開始走下坡的時候，我常想前方等待我的將是越來越嚴苛的考驗吧！像是因爲大店立地法等法律的鬆綁，只要握有優渥資金，就更容易在郊區設店，這幾年更是加速粉碎盛岡這地方原有的城市結構，已經不再是靠我個人力量就能抵抗的變化了。」

大店立地法（大型商店立地法），加上其他兩項法律「改正都市計畫法」與「活化市中心市街地法」（大店立地法於二〇〇〇年施行，其他兩項則是於一九九八年施行），統稱「打造新市鎭三法」，都是問題叢生的法令。雖然爲了避免打壓零售業的生存，造成市街中心空洞化，因此針對大型商店的開設明訂各種限制，但就算有法規明令，大型商店還是可以自由開店，這是不爭的事實。況且限制大型商店開立的大店法（大型零售店法）還因爲違反WTO（世界貿易組織），屢遭外力施壓，以至於這項法令，根本無法有效遏止大型商店過度擴張。

我對於伊藤那徹底否定大型商店的堅決態度始終很感興趣。賣場面積約一百二十坪左右，有段時間還在隔壁大樓開設童書專賣店的澤屋書店總店不也曾是「大型商店」嗎？總店所在的大通商店街之所以從昭和四〇年代開始便是盛岡市最核心的地方，在於當時最熱門的一家商店「DAIEI」所帶來的人潮。DAIEI倒閉的同時，AEON在盛岡郊區設店。淳久堂的盛岡店之所以開張，也是因為DAIEI原先所在的大樓改建後，地主頻頻向其招手的緣故。

以盛岡為例，DAIEI活化了商店街，AEON則是將市民帶往郊外。在那時代，無論大型企業是依循法律還是利用法律，就某種意味來說，得到的結果不都是一樣嗎？

在我看來，市場經濟持續發展的結果，就是帶來無可避免的榮枯盛衰，說得極端點，就是因果報應。伊藤曾說：「我待的那時候是最美好的時候。」

看來他的主張，永遠也無法超越他對過往的懷想。

面對我的指摘，伊藤只是淡淡地回了句：「也許吧！」並未露出被戳到痛處的表情，卻也似乎想反駁我的話。

其實我也不確定這種情況，眞的能用「因果報應」這四個字來概括一切嗎？

伊藤所說的那最充實的四年，正是盛岡市的環境變化即將深深影響他的時期，也是山雨欲來的前兆。那時澤屋書店還沒那麼受到矚目，伊藤也正努力提升自己投身的工作環境。

一九九五年，二十二歲的田口幹人進入第一書店工作，但對伊藤來說，「那最初的四年」就是在這一年劃下句點，而田口在這之前，則是過著終日埋首書堆的生活。

我可以想像，田口就像剛還俗的修行僧般散發著耀眼光輝，吸引了伊藤清彥的目光，因爲伊藤在他身上看到十幾年前的自己。雖然伊藤接掌店長一職後，才花四年便讓書店業績扶搖直上，但就在他覺得越來越使不上力，惶惶不安的時候結識了田口。田口在第一書店工作的四年半期間，兩人會定期碰面，將一本本書堆放在桌上，然後較勁似地品評、討論銷售策略。對於後來成爲競爭對手的淳久堂書店來說，一九九五年也是個劇烈的轉變期。這一年發生阪神・淡路大地震，總店位於神戶的淳久堂書店遭受莫大損失，之後淳久堂正式從兵庫當地的連鎖店規模，蛻變成以在全國各地展店爲目標的大型企業。

二〇〇二年回到老家，準備繼承家業的田口幹人，面對的卻是繁華不在、觀光客銳減的溫泉老街。於是田口與一群志同道合的年輕人投身各種事業，企圖重振地方繁榮。除了經營送餐到年長者家中的配送服務之外，也經手書籍訂購方面的事宜，還會定期舉辦讀書會，促銷買氣，也會深入當地各中、小學校，推廣「書是不可或缺的精神糧食」這個觀念，藉以提升閱讀風氣。但畢竟能做的事情還是有限，爲振興地方整體經濟的創意與行動，著實消耗殆盡。

可惜經營始終未見起色。田口家決定清算家業，收掉鞠屋書店。人在盛岡的伊藤也很擔心年紀輕輕卻背負重擔的田口，還偷偷地資助過他。

二〇〇七年五月，鞠屋書店正式結束營業，伊藤立刻將田口引薦至澤屋書店，於是田口和妻子遷居盛岡，展開新生活。田口在經營鞠屋時，曾說過希望有朝一日能和伊藤一起經營他們理想中的書店。進入澤屋書店的田口，被分派到盛岡車站內的FES"AN店，翌年伊藤清彥便去職。

雖然兩人之間有著深厚的情誼，但自從田口離開第一書店之後，兩人就比較少見面，也比較少聯絡了。

「因爲我不想聽他發些無聊的牢騷，所以除非是爲了找伊藤先生商量重要的事，不然我們很少聯絡，當然伊藤先生也理解我的想法。」

田口曾這麼說，並回顧那段只有在自己感到相當苦惱時，才會和伊藤聯絡的時期。

我從JR盛岡車站內的FES"AN店，前往位於大通商店街的澤屋總店，步行只需十分鐘。一走進店內，就和正在櫃檯整理傳票的代理店長松本大介撞個正著。

一九七七年出生的松本大介，比田口更像「伊藤清彥的徒弟」。他畢業後便進入澤屋書店，也就是伊藤清彥擔任店長的總店工作。伊藤離開後，他被任命負責總店的營運。目前在澤屋書店中，曾受過伊藤教導的人，只剩他而已。

松本也曾成功締造過「由書店打造出來的暢銷書」這種豐功偉業，讓外山滋比古於一九八六年出版的《思考的整理學》（筑摩文庫）再掀風潮。他將身為現代年輕人對於這本書的感想，化為手寫海報的文宣，成功打響這本書，連出版社筑摩書房也將他的感想作為宣傳工具。這本書之所以能大賣百萬本，主要是拜在東京大學、京都大學的學生福利社大賣之賜，幕後推手當然就是松本大介。

我對伊藤清彥、田口幹人、松本大介這三位成功締造過「由書店打造出來的暢銷書」的男人，著實有許多看法。

正因為他們具有其他書店店員所沒有的實力與敏銳度，才能凸顯他們的不凡。然而，「由書店打造出來的暢銷書」迅速在全國各地發酵的結果，卻讓這些書在很多書店成了「必須要賣的書」。原本是為了證明「書」的多樣性而做的美意，反而否定了書的多樣性，這是一大矛盾點。那麼，「由書店打造出來的暢銷書」這種策略會消失嗎？至少我認為這樣的策略並沒有錯。

不可思議的是，我越來越想聲援他們。對書店來說，大量進了沒理由「現在會賣」的書也是一大風險；要是賣不掉，就必須為庫存一事傷透腦筋。但我還是在盛岡感受到一股「即便如此，還是要堅持下去」的沉靜意念。

那是伊藤離職後，我第二次踏進澤屋書店總店時的事。走逛店內時，我感受到一股違和感，應該說，還殘留著濃濃的伊藤清彥風格。

和FES"AN店裡一樣，這裡也有口氣篤定的手寫海報文宣，應該主要是由松本操刀的這些手寫海報上排列著字跡工整，帶點圓型的溫柔字體。

其實伊藤清彥那習慣朝右上方傾斜的手寫字體，予人強硬的印象，一點也不適合用於手寫海報。但也正因如此，在詮釋「推薦一流之作」這種強勢訊息，反倒顯得更有力，我想偏硬的筆觸，也比較容易贏得年長客人的信任。相較於此，松本那率直又溫柔的字跡，就很適合手寫海報，非常易讀好懂。

我看著立在平台上的每張手寫海報、並排的每一本書，就知道是爲了吸引更多喜歡看書的熟客上門，貼心地擺滿了精心挑選的作品；要是住家附近有一家如此貼心的書店，一定能成爲心靈支柱。雖說如此，還是覺得不太對勁，因爲無論是讓我不由得想起伊藤清彥的選書策略與文宣，還是松本與其他工作人員的選書策略，抑或陳列風格，整體印象就是不夠鮮明獨特。

來到店內最裡面的國外小說書區，我不由得停下腳步。

想要品嚐不可思議的感覺，就要看這本《料理人》，這是一本非常非常奇妙的書。

朝右上方傾斜的硬派字體所寫的手寫海報，就立在《料理人》（Harry・Kressing 著，早川文庫）的書堆上。

伊藤的離職決定得很突然，也沒有向公司、大家多解釋些什麼。松本、田口也沒向公司或伊藤本人詢問過離職的理由，當然連我這個外人都知情，他們不可能不清楚，只是不想確認清楚。「我不想問清楚的理由，就在這張手寫海報上！」莫非松本想說的是，伊藤清彥的時代還沒結束嗎？我同時也在這張手寫海報上，看到他企圖抵抗現況的姿態。

然而，松本的職責是要以自己的方式接待上門的客人，要是一直跟隨伊藤的身影，不就無法充分發揮自己的實力？難道松本繼承伊藤的方式，就是繼續立著這張伊藤寫的手寫海報嗎？

這時，我又注意到另一張手寫海報。

請了解　你所處的世界……

大大的開頭文字底下，接著一排小小的文字。

讀了這本書之後所產生的情感，也許將改變今後的世界。
你需要做的是　停下腳步來思考

雖然用的是「也許」這個比較不篤定的口吻，卻打中我的心。當伊藤和田口用「也許」這個字眼時，表示這句話不具眞實性；若用這個字眼，應該是爲了展現某種企圖。但當松本寫出「也許」，然後加上「你需要做的是，停下腳步來思考」這樣的文宣時，我腦中浮現的是拿著這本書的他停下腳步，希望將它交到別人手裡的身影。

晚上關店後，我和田口、松本閒聊。

淳久堂書店這個強勁的競爭對手，讓松本十分頭痛。

當初松本聽到淳久堂即將開在離自家店走路只需一分鐘的地方時，他還沒有感受到什麼多大的威脅，因爲他對由伊藤清彥領軍的澤屋書店很有信心。

其實伊藤在工作人員面前無法掩飾內心的不安。

「我們正面臨嚴峻的考驗、可能會遭受嚴重的打擊……」直到松本聽到伊藤這麼說時，才逐漸感到不安。兩週後，才從伊藤口中迸出如何對抗的策略。隨著淳久堂的開幕日迫近，大夥打起勁正面迎擊，然而現實是殘酷的，書店的業績果然還是受到影響。

然後伊藤隨即離職。公司告訴臨危受命接管店裡事務的松本一句話：「今後就當作普通的書店經營吧！」

什麼叫做普通？就是乖乖聽從經銷商與出版社所言的書店嗎？那我一直以來的努力又算什麼？

我一直在思考這件事。

伊藤先生確實被打敗了。謠言四起，我的心情也很複雜，但敗下陣來是不爭的事實。直到現在內心還是留著這個疙瘩。我的師父是伊藤清彥，今後也是。我一直在想，自己該何去何從？

不知道田口幹人有沒有聽到松本那句「普通」，只見他一派悠哉地說：

「每位書店店員多少都有點改變吧！不但看事情的觀點變得有些偏執，也變得不夠坦率，所以讓每位書店店員繼續保有自己的個性，才是今後最重要的事。」

田口也在推特上發表對這件事的看法。

《傷痕累累的店長》出版時，作者收到來自同業的書店店員各種迴響。任職於東京都立川市ORION書房的白川浩介，在個人推特上發表了對於這本書的感想。截至二〇一一年，共當了八屆「本屋大賞」執行委員會委員的他和伊藤一樣，也是勇於批判書店現況的人。伊藤也從很早以前就注意到白川，他之所以沒有斷言年輕書店店員中，只有田口的表現最突出，也是因爲還有白川這號人物存在的關係。

關於《傷痕累累的店長》這本書，白川認爲作者並沒有錯，只是受不了大家因爲這本書的關係，對書店店員投以憐憫的眼神。田口也立即在澤屋書店FES"AN店的推特上回應此事，表示自己非常贊同白川的看法。

保有每一位書店店員的個性又會產生什麼效應呢？譬如具有熱情與能力的書店店員，因爲個人無法控制的外在因素而被迫解雇或是關店時，也許可以在網路上找到屬於自己的新職場，或是遇到書店長久以來的經營手法不得不改變的瓶頸時，還是必須繼續擔負將「書」交到客人手裡之責的他們，也許能夠活用什麼關係，找到新的因應策略。

雖然當前一切都是松本寫的「也許」的狀態，但還是有很多人悄悄地懷抱著他們堅信的理想。

被松本在手寫海報上寫了「也許」這字眼的是一本於二〇〇〇年出版，名爲《要是經濟沒有成長，我們就無法過著富裕人生嗎？》（Charles Douglas Lummis著，平凡社）的書。平凡社於二〇〇四年還出了Library版（譯注：大小介於單行本與文庫之間的一種特殊開本）。作者是位美籍政治學家，曾以海軍軍官身分在沖繩待過一段時間，後來便長住日本。雖然書名用了「經濟」這個象徵性的字眼，內容則有論及關於憲法第九條的維持與環境問題等相關主張。作者對於「發展」這個字眼該如何定義，以及不斷上升的經濟成長代表絕對正面的思想是否存在著種種矛盾等問題，提出許多看法。

其一，經濟不斷發展的結果，就是消耗地球。（摘自第一百十七頁）

作者認爲富裕不光只是持續上升的經濟成長，而這種概念深植於社會的時間，並非年深日久。

爲何松本要將這本以「經濟」作爲書名，其實重點擺在環保議題的書擺在賣場較爲顯眼的位置作爲重點書來推呢？

我想起很久以前在澤屋書店買的一本名爲《素食主義者宮澤賢治》（鶴田靜著，晶文社，一九九九年出版）的書。本身也是素食主義者，以素食爲題發表多篇文章的作者鶴田靜認爲，其實可以從素食主義的觀點來看待身爲「日本數一數二的素食主義者」（摘自第十四頁）宮澤賢治的作品與生平。宮澤賢治的素食主義代表他的思想與生存之道，也反映出他對故鄉岩手縣懷抱的情感。因此宮澤賢治的作品所投射出來的訊息，可做爲觀察環保問題的要點。

我再回想，之前在澤屋書店買的一些與當地鄉土人情有關的書，其實不少都直接或間接提及環保問題。我剛踏進店裡感受到松本大介承襲伊藤時代賣場布置的那股違和感只是表面的感受，其實松本從伊藤那裡傳承到的是更深層的東西，而且全都表現在我購買過的清單上，只是身爲顧客的我沒有注意到這一點。

靠土地刨食維生的人。

在東北，各個地方都有這樣的人。

伊藤清彥就是靠這片土地、靠書店生存的男人。

雖然全國各地都有值得尊敬的書店從業人員，但對我們來說，他是一個特別的存在。他是非常大器，極不簡單的人物。

田口悠悠地說。「靠土地刨食維生的人」，這是他的自創詞彙。我之前在澤屋書店還有田口家的鞠屋書店，買了幾本講述東北人靠「土地」務「農」維生的書。

再次引用《素食主義者宮澤賢治》一書的內容。書中提到賢治就讀盛岡高等農林學校時代，他的好友保阪嘉內曾參考杜斯妥也夫斯基的農地改革論，以及德富蘆花的隨筆集《水的流派》，自創一套農地改革論，想必賢治也有受到影響。在由保阪創作，賢治也參與演出的學校戲劇表演中，便引用了蘆花隨筆集裡的一個詞彙「土地的怪物」。他們所要傳達的思想是，人們本來就是土地的一部分，所以只能化身爲土，最後回歸塵土。

此外，在《沒有物慾的農民》（大牟羅良著，岩波新書，一九五八年出版。二〇一一年重新出版）這本書中，也有與田口脫口而出的那句話「靠土地刨食維生的人」有關的敘述。作者以一介商人，同時也是《岩手的保健》編著者，結集、紀錄住在岩手縣偏遠山村人們的「生活心聲」（摘自一百一十九頁等），這本書描寫的正是化身「土地怪物」，爲生活拚搏的岩手農民姿態，那絕對不是美麗的姿態，而是被自然的威猛逼得啜泣，在意鄰人目光，飽受自我壓抑所苦的模樣。

這些都是描寫「土地」的人，也是田口口中人們所構築的岩手歷史。靠「土地」刨食維生的人，也是田口口中人們所構築的岩手歷史。

而用這些書來凸顯書店特色的人，正是伊藤清彥。

我可以理解這種感覺，當我聽到田口說出那句話時，可以想像雙手抱著書的伊藤，赤腳踩在岩手這塊土地的模樣。記得我初次造訪澤屋書店時，便深切感受到這是一家與岩手當地有著密切關係，同時也是象徵岩手文化的書店。

我重新思索，果然用「市場經濟帶來的因果報應」這句話來解釋一切是不對的。

我又回到一關市。我很好奇以往那個慣用令人驚嘆的數字展現實力的伊藤清彥，今後會以什麼樣的方式，將「書」傳遞給人們？

聽到我這麼問，伊藤只說了句：「這問題可真難回答啊！」

沉默片刻後，他才回道：「那種幫一本書搧風點火就能大賣的快感，只要嚐過一次便難以忘懷啊！可是……怎麼說呢？我覺得在澤屋工作的那段時期，每週受邀上當地電台介紹書給聽眾，真的是非常寶貴的經驗。雖然上電台介紹書，和在書店等著客人上門買書的形態完全不一樣，但我介紹過的書也有受到大家注意呢！我想這個經驗真的改變了我，原來不光只是賣，也可以透過傳達的方式。」

「現在的閱讀方式和以往擔任書店店員時，有什麼不一樣嗎？」我又問。

「慢慢回到成爲書店店員之前的閱讀方式吧！在書店工作時，都是把書視爲商品，就算想說這本書滿有趣而開始看，但往往讀到一半就會思索這本書該怎麼陳列，要搭配哪一本書，或因爲是這家出版社的書，所以下這樣的量之類的，習慣邊看邊思考裝訂、價格、還有手寫海報的文宣等。就某種意義來說，這不算是純粹的閱讀。雖然現在因爲完全不需要思考這些東西，所以都是讀些不打算推薦給別人的書，慢慢地抓回以前閱讀的感覺。我也不曉得這樣是好還是不好，心情有點複雜就是了。」

「每天過著以家事爲主的生活，不會厭倦嗎？」

「這個嘛，完全不會，也沒這麼想過。我很享受自己能做的事，也喜歡思考能激發自我潛力的事，當然在書店工作時也是如此。我現在幾乎每天都動手料理晚餐，利用剩餘的食材、自家田裡種的當季蔬果，還有肉和魚，專心思考如何搭配才能做出美味料理的方法，這些都是我二十幾歲時，進入書店工作之前會做的事。」

《盛岡澤屋書店奮戰記》一書的「後記」就有提到這些事。當時伊藤住的公寓裡住著一群以成爲漫畫家爲目標，或是從事音樂活動等，追求理想的熱情創作者。

「雖然我很喜歡音樂和漫畫，也曾嘗試創作，但和那些夥伴一比之後，才發現自己根本沒有這方面的才能。後來我思索自己能爲大家做些什麼時，就想到幫大家做飯吧！反正打工時練就一手刀工、廚藝，所以一次準備十幾人份的料理，還算游刃有餘。總之那時我告訴自己，不管身處何種情況，都要思考如何盡力做好份內的事。」

我們並沒有聊到關於東北地方和岩手的話題。有些人因爲眼前找不到可以追尋的目標，所以選擇放眼別處去尋找；有些人則是選擇順應情況，從中尋找屬於自己的目標。在伊藤身上，似乎找不到像原田眞弓那樣決定開一家屬於自己的店的想法，他那順應環境而活的生存之道，與《沒有物慾的農民》一書中，作者所描述的那種面對無法抵抗的大自然，只能順應「土地」而生的姿態是一樣的。

也就是說，這是希望能以自己的方式傳遞一本「書」的人，絕對無法讓步的部分。

我想起宮澤賢治的小說《夜鷹之星》，描述一隻害怕被老鷹殺掉的夜鷹，懊悔吃了許多比自己弱勢的小蟲子，於是選擇離開弱肉強食的世界，化爲一顆星星的故事。人類本來就很難擺脫市場經濟這個緊箍咒，但我認爲伊藤那即便選擇離開終日競逐於數字與規模的世界，還是希望能以自己的方式將「書」傳遞給世人的態度，足以做爲書店思考今後將如何經營的一個啓發。

我去一關拜訪伊藤清彥，在盛岡和田口幹人與松本大介會面，是二〇一〇年十一月底的事。

離開伊藤家之後，我去了一趟福島縣南相馬市，瞧瞧讓伊藤稱讚不已的南相馬市立中央圖書館。

首先映入眼簾的是美麗的建築物。館內一、二樓採挑高設計，天花板垂掛著風扇吊燈，是一處以白色與原木柔色為基調的開放空間。

圍繞在開放空間四周的是一個個依主題分門別類展示的書區。當地出身的作家埴谷雄高、島尾敏雄的書區，除了一整排著作之外，還擺放著他們的手稿。光是看這些東西，就覺得時間不夠用。

我還去看了伊藤推薦這間圖書館的另外一個理由，那就是「旅行與地圖」書區。從非小說類的遊記、歷險記等，到岩波文庫的《哥倫布航海誌》這類經典作品，以及一些輕旅行類的散文隨筆、《環遊地球的方法》系列，此外還擺了很多依四十七都道府縣分類的全國各地觀光導覽手冊等，這些是可以免費索取的資料。總之，喜歡旅行的人，在這裡翻閱相關書籍後，應該會興起馬上收拾行囊、踏上旅程的念頭吧！

我依序逛著書櫃，走著走著突然停下腳步。書櫃上的每一本書都有主題，看得出來都是經過精心挑選。文庫、單行本、大開本等各種開本混合排放，高高低低、凹凹凸凸的排法更能突顯每一本書的存在感。書背統一朝前排放，每個書櫃從剛入館不久的新書到經典文庫都有，每個領域有些什麼樣的書，可說一目了然。確實具有優質書店的模樣。

所有書櫃都有封面朝前擺置的書，至於被借走的書所空出來的空間，則是放上骰子形狀的木製大書盒，這是圖書館裡常見的景象。基本上，書店的書架上要是有空出來的空間就會立刻補上新書，但原則上圖書館的書都會歸還，所以如何演繹這處空間，便成了一大重點。

我曾見抱著書的館員走到書櫃前抽出一本書，換成封面朝前的陳列方式後便迅速離去。仔細一瞧，每一層書架的前方都有一處凹槽，方便將書抽出來後換個面立在凹槽上。多虧這個設計，讓館員能夠迅速完成作業。

我想大概是配合書架空間、內容的時事性或是館員的心情，挑選出封面朝前擺置的書，而且也許會視情況，一天換個好幾次吧！拜此舉之賜，不但書櫃的陳列方式變得活潑許多，同時也能活化書區的流通性。要是書店也採用這種方式的話，不就能帶動更多書種的買氣嗎？館內到處都有上頭寫著「請將在館內閱畢的書放在這裡，不要放回書架」的移動式書箱。之所以這麼要求，可能是爲了上架的關係，譬如館員知道哪本書被翻閱，也許就可做爲下一次陳列的靈感。

讓我感興趣的書一一映入眼簾。我邊記下這些書的書名，以及一些注意到的事情，邊想著能如此明目張膽地打開書，抄寫書中內容，可是身處圖書館才有的專利。

以「跨領域？那個人所寫出來的書」爲題所設的主題書區，展示了七十幾本來自演藝人員、腳本家、歌手、藝術家等名人的著作。「音樂」書區還設有可以聽CD、看DVD的視聽區，有人邊看書邊聽音樂。一上二樓就看到數量比一樓還多的桌椅，坐著許多國中生、高中生。雖然二樓也有書櫃，但整體看來比一樓稍微陳舊些，從天窗灑下來的陽光在各處形成影子。有埋頭苦讀的學子，和朋友忘情聊天的孩子，也有累得睡著了的孩子。館內也有不少成年人，露台區還有一群老者正在下將棋。

回到一樓的「圖書館學」書區，我拿了《文獻調查法》、《圖解古代工作大全》這兩本放在桌上，翻看了一會兒。正準備放回去時，猛然想起：啊！對喔！不是放回原位。趕緊將書放進面前的移動式書箱。要是書店也採取此一方法，或許能讓書店變得更有趣。

巡禮完館內後，我去向伊藤清彥口中的「怪物」打招呼，即館長輔佐早川光彥。這間圖書館於二〇〇九年十二月開館，算是非常新的圖書館，早川從找好場地準備建館的時期便參與計畫，因此對於能夠打造出這麼一所能傳達書香魅力的圖書館，實現提升市鎮文化水準的理想，感到非常滿意。

「我來這裡之前是在一關，再之前是派任到仙台的圖書館。離仙台圖書館最近的書店是八重洲書店，拜那間店之賜，讓我從年輕時就見識到書的魅力，以及如何活用書區展現一本書的優點。所以八重洲書房是身爲圖書館館員的我，一個很重要的職涯原點。我在仙台圖書館工作時的上司也很好，是他告訴我要擺出自己覺得很好的書，現在想想，身爲圖書館員的他，眞的是個很特別的人。我還會安排底下的人去仙台的丸善書店見習。要是八重洲書店還在的話，一定會安排他們去那裡看看。」

八重洲書房是位於仙台的一間小書店，可惜於一九九三年結束營業，我無緣到訪。告訴我這間八重洲書店的人，目前在南相馬管理一間猶如書店的圖書館，而且我們偶爾還會碰面。

建館當初，從選書到如何配置，都是由早川親手打理，現在依類別配置十一位管理員，由早川統籌整體流程，再委由各管理員負責選書以及陳列等細節。看來要打造一座能充分享受「閱讀」樂趣的圖書館，勢必得打破許多陳腐的陋習舊規。

當我告訴他我非常贊同伊藤所說的，「這是一座宛如書店的圖書館」時，早川只回應了一句。

或許買書與借書並沒有什麼不同吧！

「並非依據我們的喜好來選書，而是根據南相馬市民需要什麼樣的書來考量。」

早川這麼說後，帶我來到「產業・農業」書區。這裡布置了一個主題爲「守護我們最重要的農作物！預防鳥獸蟲害對策書區」的迷你書展，一旁還有寫著「準備確定申報事項！」的迷你書展，旁邊的「工作與市鎮計畫」書區則是蒐羅各種資格考題庫集，除了提供給大多從事農耕、自營業者的當地居民，今後如何因應氣候變化等問題的相關資料外，也針對面臨失業率越來越高的現況，提供許多進入當地企業必備的資格簡介資料等。圖書館能做到如此人性化的服務，實在令人嘆服，但早川謙虛地表示還有很大的努力空間。

我對於突然造訪，叨擾不少時間一事深表歉意，只見早川笑著說：「其實沒伊藤先生介紹的那麼好啦！」我們明明初次見面，卻覺得十分投契。

我向他提出正式採訪的申請之後，便告辭離去。沒想到還來不及完成這件事，二〇一一年三月十一日就發生地震與海嘯，南相馬市也是災情嚴重的地區之一，後來又因為福島第一核電廠發生事故，南相馬市被劃為輻射汙染的計畫性避難區域，整個城鎮陷入幾乎癱瘓的狀態。早川光彥與南相馬市立中央圖書館的工作人員全都平安無事，圖書館所在地的JR原之町車站附近也沒有遭受海嘯波及，建築物也沒有毀損的樣子。地震發生數日後，圖書館成了災民們的臨時避難所。

之後在以復興市鎮等其他業務優先考量的因素下，圖書館被迫繼續休館。早川光彥等工作人員也被分別派任其他職務。後來雖然於二〇一一年八月九日重新開館，但閉館時間由晚上八點提早到下午五點，休館日也從每月一次變更為每週一休館，早川光彥也預定十月復職。

澤屋書店於三月十一日之後，再度讓人見識到作為地方書店所扮演的重要角色。

地震前一天，三月十日，澤屋書店FES"AN店的推特上還在極力宣傳以「繼《安政五年的大脫走》之後，就是這個！」為題的迷你書區。十一日發生地震後幾小時，推特上立刻更新成全體工作人員平安無事、目前情報極度缺乏等共十幾則訊息。

然而隔天十二日，因為有人貼上「沒辦法連絡上住在盛岡的妹妹」的留言，於是更新訊息的速度一下子就比地震發生之前快上好幾倍。從盛岡停電狀況的最新消息、即時新聞焦點、市區哪裡還有營業的店家、提供加油服務的加油站，到美容院與大眾澡堂營業情報等訊息都有，以FES"AN店爲中心的澤屋書店推特平台，連續好幾天成了盛岡市民的資訊交流站。而且每一則留言最後都會附上一句「大家一起加油吧！」雖然暫時有段時間少了關於書店的話題，但澤屋書店無疑成了這座城市最強的媒體之一。

四月，澤屋書店順勢反擊推出一項計畫，那就是邀情大家帶著手電筒來停電中的昏暗書店逛逛。雖然實際參與的客人不如預期的多，但不少人紛紛留言表示對於這項計畫很感興趣。

堆得如山高的平台像雪崩般崩塌，眞的很恐怖。
老實說，在那種情況下會覺得，有沒有書店已經不重要了。

田口幹人回顧地震當時的情況。

「那時會想，做爲本地的書店，該爲地方做些什麼呢？比起其他商店，書店是感覺比較容易進來逛一逛的地方，所以一定要讓書店成爲凝聚大家情感的地方。我想正是因爲抱持這樣的想法，才能一下子大幅拉近與客人的距離。地震過後，我心中對淳久堂的疙瘩消失了，變得可以肯定它的存在。今年盛岡郊區又開了一間光是書籍賣場就有超過八百坪的書店，淳久堂規模最大的地位一下子就沒了。若是一味陷入規模競爭的迷思，只會忽略重要的東西。每一家店都有自己要扮演的角色與責任，我想結果就是這麼回事。」

大地震後，FES"AN店更加強化與岩手、盛岡等相關的鄉土類書，擺置在店頭。任職於總店的松本大介則是盡快結集所有與核能問題有關的書，擺在店頭布置成主題書區，這是他想到客人應該會關心這樣的問題所做出來的判斷。

「雖然總店從十三號就開始營業，但我滿腦子都是家裡和生活的事，根本無心管書。不過店裡的客人還是絡繹不絕，這也讓我重新見識到書籍的魅力。一想到身邊有很多人是這次天災的罹難者，所以如果說這次的災難是個轉機，實在不恰當，也不該這麼講。但我想身爲倖存者，必須負起將這塊土地的一切繼續傳承下去的責任。」

地震發生三天後的三月十四日，總算連絡上伊藤清彥。伊藤用宏亮的聲音告訴我，他的手機剛才在市公所充飽電，雖然自家牆壁有些毀損，但家人全都平安無事。因爲缺電的關係，只好用木炭生火，食糧方面也備足了半年份，所以一切安好。他說雖然能收聽廣播，但資訊十分缺乏。當我告訴他電視和報紙報導的相關海嘯受害消息時，伊藤沉痛地說，他也有親戚和認識的人是這次海嘯的罹難者。

二〇一一年五月，盛岡市舉行名爲「MORIBURO」的書展，伊藤清彥也以個人工作室的名義，與仙台的書香咖啡店「火星之庭」的老闆一起參加這個活動，伊藤說自己好久沒有參與以書和書店爲題的公開活動了。六月時，伊藤受邀擔任高中圖書館館員的讀書會講師，後來又陸續有許多機關團體邀請他演講。此外，當地報紙《岩手日報》也邀請他撰寫專欄，六月五日刊載的第一回，就是介紹一本以報導福島縣飯館村重建家園爲題的書《蓄積的力量》（SEEDS出版）。

所以伊藤站在人前的機會越來越多了。

「可是不能光是這樣就自我滿足。」伊藤笑著說。

他決定繼續參與一關市的中央圖書館籌備委員會會議，不希望災難後，這件事就被擱置不管。雖然他抱怨眼看平成二十六年（西元二〇一四年）就要開幕，籌備會議到現在卻連如何選書都提不出具體方案等，感覺得出伊藤十分焦慮，卻也感受到他比半年前積極多了。

「氣仙沼、大船渡、陸前高田一帶因爲海嘯的關係，圖書館呈全毀狀況。所以要如何從頭開始，好好計畫，打造一座符合當地居民需求的圖書館，也是需要好好籌謀的事。」伊藤的思慮已經從一關，擴展到其他地區。

他開始覺得，也許這些就是自己應盡的責任。

我問了一個讓我一直很在意的問題。

對伊藤清彥來說，宮澤賢治是什麼樣的存在？雖然我從《夜鶯之星》聯想到他的事，但仔細想想，從來沒聽伊藤提過、寫過關於與石川啄木並稱代表岩手的文學家宮澤賢治的事。我問過田口幹人與松本大介，他們也沒聽伊藤提起過。

啊啊！對我來說，他是個特別的存在吧！一個非常特別的存在。

應該說，已經完全走入我的內心。

他邊喃喃自語，邊起身走出房間拿了一本書回來。書名是《宮澤賢治與東北碎石工廠的人們》（國文社出版），作者是伊藤良治，果然也是出身當地，伊藤的遠親。

「雖然宮澤賢治和花卷的關係最深，但晚年的他曾在東山町當過技師呢！戰爭結束後，這地方為了復興家園，成立了青年部，以重現賢治的精神為號召，還立了碑。這地方離這裡並不遠，走路就可以到了。我的父親當年就是青年部成員，所以我們從小就深受碑上的文字影響，我想這一帶和我年紀相仿的人都是如此吧！」

放在這本書一開頭的幾張照片裡，就可看到二〇〇九年過世的伊藤之父年輕時的模樣。

碑上刻著這麼一行字。

一同化為閃耀宇宙的微塵，布滿無垠的天空

雖然每一個詞彙的意思都很簡單，但這一行文字的意思可不簡單。《宮澤賢治與東北碎石工廠的人們》這本書也是，除了可以做爲相關文獻資料參考外，作者最後還加上自己的見解。雖說不了解宮澤賢治的宇宙觀，就不能說是明白這行字的意思，但我想這行字意指每一個猶如「宇宙微塵」般再渺小不過的存在，其實都有各自應盡的責任。二十幾歲時的伊藤替夥伴們料理餐食時所學到的生存之道，就是從小生活在這片土地上所受到的薰陶。

伊藤清彥今後也會在需要他的地方發表自己的見解、創作，或是在圖書館等與書有關的地方扮演「書」的傳道者這類角色嗎？這件事的確是身在岩手的他，爲岩手所能做的事。

# 第六章　施比受更有福

## ——定有堂書店・奈良敏行與《禮物論》

總算趕到了。雖然是在一路塞車，睡魔不斷侵襲的時間開車上路，但總算趕在約好的正午過後來到鳥取市。

找好停車場，隨便飽餐一頓後，我來到定有堂書店。進入店內就看到奈良敏行正和抱著裝滿書的紙箱的年輕女店員說話。

「啊，我快忙完了。請再稍等一下。」

過一、兩分鐘後，聽到「請！」的一聲招呼，我跟著他繞到收銀台左側，彎身穿過一扇小門，爬上昏暗的樓梯至二樓，來到一間像是辦公室的房間。

長桌上放著我四天前打過電話，告知來意的那本話題之作《新世紀書店》（北尾TORO、高野麻結子編著，POT出版，二〇〇六年出版）。奈良遞給我一杯用紙杯裝著的茶之後，將手放在《新世紀書店》這本書上，用沉穩的口吻說他又重讀了一遍。我們延續四天前的話題，喝了一口用紙杯裝的熱茶，味道頗特別。

沉默片刻後，我再次說明造訪的理由，說明自己已經訪問過日暮文庫的原田眞弓、淳久堂書店的福嶋聰、井原心靈小舖的井原萬見子、前澤屋書店的伊藤清彥等人，所以也想聽聽他的看法，但並未事先準備任何具體的問題就是了。

一切始於四天前的一通電話。我打電話給他，請教他對書店的未來有何看法時，奈良立刻以沉靜的口吻反問我：「你對書店的未來有何看法？」面對他突如其來的提問，我竟一時之間不知如何回答，於是電話那頭的奈良主動開口：「我想就是『人』，這回事吧？」

再次開創書店無限可能的未來的是，每一個人。

「沒錯，沒錯。」我連聲回應。原來是這麼簡單的答案啊！內心有種不可思議的感覺。

忍耐地聽著四天前就聽過的話題，奈良起身走向擺著電腦的小桌子，拿了三張剛印出來的紙遞給我。紙上開頭印著「『書店的人』二〇一〇・一二・〇三　定有堂書店　奈良敏行　記」。

「和你講完電話後，我試著思考書店到底是什麼這個問題。不好意思，再麻煩你待會兒看一下。」

奈良隨即走出去又回來，這次還跟著一位年輕小姐。他有點語帶玩笑似地介紹：「她是我的首席弟子，目前任職於學校圖書館。」奈良向這位年輕小姐說明今天我也要加入。

年輕小姐又回去隔壁。奈良對我說：

「我今天有種好久不見的朋友從東京遠道而來的感覺。」

不久到了下午一點，奈良主持的太極拳教室準備開始上課，我告訴他想先見習一下這堂課。

「開了這麼久的車，身體一定很僵硬吧！要不要體驗一下啊？」他說。然後遞給我一條專用的褲子，以及印有太極拳教室標章的T恤。

一旁打通的道場約十五坪，剛才那位首席女弟子正在自主練習，學員陸續來到，都是成年人，有些看起來比奈良還年長。我也加入他們先做做體操熱身一下，之後便站在最後面跟著他們比劃基本姿勢。因爲所有動作都很慢，所以要是呼吸不平順，心情不沉靜的話，反而更累。

奈良看到姍姍來遲的學生推門進來時，都會很自然地打招呼，像是：「我找到你之前說的那個了。」之類，習慣以和之前有關的話題作爲開場白，對我也是如此。短短幾句話便讓人感受到他們熟稔的關係。道場氣氛融洽，學生們絲毫不在意我這個陌生人的存在。

雖說如此，還是多少得留意別打擾他們上課。明天是他們的升級考試，今天在做最後的加強。從他們進入實際練習後，我便站到房間角落見習。因爲每個人要考的級別不一樣，所以動作也不相同，奈良仔細檢查每個人的動作，一一給予指點。「不錯，很好，不過這時右手要在這裡收回，然後帶動身體，視線看著前方，身體自然跟上……很好，就是這樣。」

有位女學員神情認眞，反覆練習同一個動作。「扭一下脖子，凝視天花板，吐氣，很好，就是這樣。」奈良出聲指點。

做錯時，千萬不要緊張，隨時都可以重來。

「千萬不要緊張。」奈良一再重複這句話。

穿著黑色兩件式專用服的奈良，做的每個動作顯然比學員們柔軟俐落許多。但他絲毫沒有賣弄、擺出老師的架子，口氣總是恭謹有禮，具體說明動作時，還會有點語塞地說：「嗯……該怎麼說呢？」

上課開始過了兩個半鐘頭多，練習告一段落。明天的考場位於從鳥取市往米子方向約莫幾十公里的地方，大家確認好集合的時間、地點以及車子如何分配後便下課。

奈良在首席女弟子的伴隨下，邀我去附近一間喫茶店。

他從一九九四年開始接觸太極拳。起初是爲了消解工作帶來的肌肉僵硬痠痛等問題，現在他不但考取教練資格，還在公民館以及書店二樓的道場教學，目前一共收了三十幾位學員。

「太極拳是一種量力而爲的功夫，身爲書店從業人員應該也是如此。」

「量力而爲」是他常掛在嘴邊的字眼。

奈良敏行，一九四八年生，長崎市人。早稻田大學文學院畢業後，曾任職於戲劇藝文活動公司，以及東京都文京區的本鄉郵局。一九八〇年，遷居妻子的故鄉鳥取市，開設定有堂書店。約莫五十坪的書店位於從ＪＲ鳥取車站沿著車站前的大馬路，往縣廳方向步行約七百公尺處。看起來是一家很普通的書店，書籍的擺置是依書店自己的方式分門別類，也就是說幾乎沒有什麼暢銷書區，所以瀏覽層層書架會不時發現新書，是逛這家書店的一大樂趣。周邊包括車站內，一共有四間中、小規模的書店，車站另一頭比較郊區的地方有一間大型書店，所以不能說當地人一定都來定有堂買書，但定有堂絕對是一家有特色的書店。

雖然我很害怕用「有特色的書店」這個俗氣的字眼，卻又找不到其他適合的形容詞來形容這家很難界定的書店。然而作爲鳥取縣在地的「一般書店」，定有堂又不是那種風格奇特的書店，所以只用普世的分類與觀點來介紹定有堂與奈良敏行，實在很困難。

不過多少還是能從周遭的觀點來分析這間書店。

譬如有本名爲《書店最棒！》（安藤哲也著，新潮OH！文庫，二〇〇一年出版）的書，作者於一九九六年開設往來堂書店，之後任職於網路書店bk1與樂天書城等，目前爲NPO法人「Fathering Japan」的代表理事，這本書就是他從往來堂投入bk1時出版的作品，書中明確記述作者因爲結識奈良敏行而開設往來堂的經過。一九九六年，作者參加於鳥取縣大山町召開的出版業界相關人士的讀書會「書的學校——大山綠陰專題研討會」時，也參與了由奈良與田中純一郎（經營位於東京都目黑區的恭文堂書店）主持的小組研討會。

老實說，我主要是爲了參加這個小組研討會而來鳥取的。（中略）奈良先生說：「書店裡有晴空。」（中略）奈良先生的這句話讓我感觸良深。自己每天在書店工作時，總覺得茫茫然，卻又不知如何形容這種感覺……奈良先生替我說出了心中的感受。（中略）我邊聽他們兩位的談話，邊在腦中描繪自己也想開間書店的念頭。（摘自《書店最棒！》第三十一至三十三頁）

安藤哲也應該是在造訪鳥取之前，心中就萌生「我想開一家嶄新的書店」的念頭。但對當時只在書店工作三年的安藤來說，還沒有想到什麼具體的開店概念、賣場布置等。初次參加「書的學校」專題研討會時，他也拜訪了定有堂書店。那年年底開張的往來堂書店裡，像是書櫃層架部分會貼上寫有主題與關鍵字的標籤等，模仿了許多定有堂書店特有的手法。店內散發一股手作風，完全不會給客人帶來壓力的獨特氛圍，也都有定有堂的影子。安藤離開往來堂後，接手的店長笈入健志雖然以不同於安藤哲也的風格展現「市街的書店」風情，但現在的往來堂還是保留著開店以來的基本要素。

就連店名也是從奈良的一番話得來的靈感。

奈良先生說：「現在的書店逐漸失去『一般性』。什麼是『一般性』，就是『往來』這件事，不是嗎？也就是作爲在人們來來去去的地方，一間存在感再普通不過的書店，這樣的書店卻逐漸消失中」。（同前，摘自第五十八頁）

安藤哲也那時參加的小組研討會的講題內容全都整理在名爲《市街的書店不打烊》（奈良敏行、田中淳一郎著，ALLMEDIA，一九九七年出版）一書中。

其實我是第一次當著那麼多人的面說話。由於我幾乎沒什麼機會能在一般人面前講些關於書店的事，碰巧有這個機會可以聊聊。雖然也有不少經營管理研習會之類的活動邀請我去演講，但總覺得：「研習會的性質好像和我想探討的東西不太一樣。」也就沒有答應。

我想談論的東西，也就是關於書店的話題，其實與所謂的經營理論沒什麼關係。雖說如此，但絕對不是抱著玩票的心態，而是爲了生計問題，非常認眞地看待經營書店這件事……不過，還是不同於經營理論就是了。爲什麼呢？總覺得經營理論講的都是一再重複的觀念與說詞。（摘自第二十一至二十二頁）

從這裡開始，就與讓安藤深受感動的那句「書店的晴空」有關。

對於在既有的書店感受到一股閉塞感，想利用新書店宣示「市街書店存在的重要性」的安藤哲也來說，定有堂就是一個典範。二〇〇一年於福岡市開幕，與往來堂一樣爲了宣示「市街書店存在的重要性」的Books Krbick，也向熱愛書與書店的人，公開聲明是定有堂的精神促使這家店誕生。

相信受到定有堂與奈良敏行啓發的人應該不少，但他極少公開談論書店現況。著作方面，也只有因爲出席小組研討會，與田中淳一郎合著的《市街的書店不打烊》，以及紀錄採訪內容的《有故事的書店——打造特色書區》（胡正則、長岡義幸著，ALLMEDIA，一九九四年出版）。

雖然奈良也很少接受商業刊物的採訪或演講，不過倒是積極地利用書店網站或是發行小冊子之類的方式，陳述他的看法，像他遞給我的那以「書店之人」爲名的文章，就代表他的態度。

我也曾看過他於二〇〇二年以「思考『市街的書店』」爲題發行的約莫二十頁的小冊子，記得是岩波BOOK CENTER社長柴田信拿給我看的。這本小冊子好像是他將向京都府書店公會提出的報告再行整理而成的樣子。雖說是小冊子，也只是用釘書針將打好的文件裝訂成冊，然後封面印上「私人用」、「非賣品」等字樣。柴田說這本小冊子是他的座右銘，放在自家書桌抽屜的最上面，方便隨時拿出來拜讀。

容我摘錄當時只有少數人才能拿到的這本小冊子裡的部分文章。在此，我想引述內田樹所寫的一本書《市街的媒體論》（光文社新書，二〇一〇年出版）。

作者除了在書中提出不少自己對於媒體道德日益沉淪的批判之外，在最後的「第七講」還介紹了馬塞爾・莫斯（Marcel・Mauss, 1872~1950）的《禮物論》，暗示今後媒體的生存模式，就是市場經濟建立以前的社會模樣。

然而，媒體不是爲了「賺錢」，而是爲了人類學功能的運作而存在於世的。從好幾百年前進入市場經濟時代後，便已經融入商業體制，因此媒體本來就不是爲了賺錢而存在的東西。（摘自第一百零六至一百零七頁）

看完整本書後，就能明白作者想傳達的是，唯有還原到上述摘錄的原則，才能重新審思媒體應負的社會責任，這一點非常重要。

無論是奈良以「思考『市街的書店』」爲題的小冊子，還是他以往在定有堂網站上發表的「雜記」，或是前面介紹的《市街的書店不打烊》這本書等，與《市街的媒體論》一樣都是從書店的立場論述。莫斯的《禮物論》也是，只是奈良不像內田引用的那麼直接。

不難想像對同世代的奈良敏行與內田樹而言，《禮物論》是多麼重要的經典之作。根據與奈良同年齡的橋爪大三郎的《初始的結構主義》（講談社現代新書）一書中提到「我穿過大學校門那時，正是結構主義風潮席捲整個日本社會的時候」。（摘自第十二頁）

莫斯的《禮物論》也深深影響結構主義大師暨法國人類學家克勞德・李維史陀（ClaudeLévi-Strauss, 1908～2009）的理論。與內田樹同年齡的中澤新一在其《純粹自然的贈與》一書中提到，第二次世界大戰後，隨著經濟陷入窘境的法國等歐洲各國引進美式資本主義後，像是聖誕節等傳統節日便開始變得商業化，「就連馬克斯、凱因斯等人，也無法發揮他們的神力解決這個問題，這時代幾位思想敏銳的學者中，只有莫斯的思想能眞正對抗此一問題」。（摘自第一百五十三頁）

對於青春時期正値一九六〇年代後半到七〇年代的人們來說，《禮物論》是一部重要的經典之作，或許二〇〇〇年以後，它的存在越發重要。在此，我不想用「團塊世代」或「全共鬪時代」這種概括性的字眼形容這群人，因爲即便進入二十一世紀的現在，依舊有不少人還抱持著自己青春年代所思考的問題，並投射在眞實的人生上。就像從奈良敏行的小冊子「思考『市街的書店』」感受得到他一直以來都很誠實地面對陪伴他走過青春歲月的問題，而我在閱讀《市街的媒體論》時，則是單純地覺得「書店」果然很厲害。

我們與首席女弟子邊喝茶，邊閒聊。奈良不是那種雄辯滔滔的人，也有沉默的時候。

日已西沉，我們回到店裡。我還沒決定住宿地方，奈良知道後馬上從書架抽出幾本當地的雜誌與情報誌，指示首席女弟子幫我找尋住宿的地方。這讓原本想說告辭後再想想要投宿哪裡的我頓時有點慌了，只好拿起一本店裡賣的雜誌，站在收銀台旁翻看。最後決定投宿於離書店最近，步行只要兩分鐘就到的旅館。辦完住宿手續，回房間放下一些行李後便回到書店。就在我慢慢地瀏覽書區時，奈良遞給我一本書，書名是《想傳達的事》（濱崎洋三著，一九九八年出版），定有堂書店發行。

「書裡寫說，不要相信大聲講話的人。」

作者除了長年在鳥取西高校教授歷史外，同時也是對鄉土史研究有著卓越貢獻的專家。奈良非常仰慕他，長年請他擔任定有堂定期於二樓房間舉辦的讀書會講師。一九九六年，六十歲的他驟然離世。本書是作者的好友們委託奈良印製、發行，書裡收錄身為教育工作者、鄉土史研究學者，同時也是鳥取縣出身的作者生前所撰寫的文章，以及去世前一個月在鳥取西高校舉行的演講內容，書名就取自他的最後一場演講的講題。版權頁上印著一九九八年再版，一共印製了四千兩百本，定有堂內隨處都可以看到這本書。

「這本送你，不對，應該是請笑納。」奈良平靜地對我這麼說。

已經到了晚上七點的打烊時間，首席女弟子也在一旁幫忙，畢竟她不是店裡的工作人員，所以這景象還眞是有點不可思議。我待在燈光已經關掉一半的昏暗店內，邊撫著《想傳達的事》這本書的封面，邊等待他們結束工作。

拉上店門後，三人一起去吃晚餐。先是去奈良十分推薦的一家店，不巧客滿，只好改去一間沒什麼客人的中華料理店。

這頓飯倒也不是什麼氣氛熱烈的應酬，而是像水滴般，斷斷續續地閒聊著。

「讀者與書店的慾望，說穿了就是兩條永遠不可能交會的平行線。身爲讀者，若能買到十年才賣掉一本的稀有書，肯定很開心。但對書店來說，十年才賣掉一本的書代表什麼意思呢？有很多種說法，但就現實考量，可能毫無意義可言。

「《想傳達的事》這本書裡寫道，書店是個『小聲』的世界，所以書本來就是個不相信『大聲』的世界吧！以往我對網站之所以不是那麼有興趣，是因爲就算我想低調，也會有人覺得我很高調，網路就是存在著這樣的問題。

「若新開的大型競爭對手和自己是同一個經銷商的話，該怎麼辦呢？我的話，會盡量給合作對象許多好處吧！以當地人的身分，將自己知道的事傾囊相授，哪怕是與地主交涉，只要能幫就一定會幫，所以一直以來，我和經銷商都是建立在互惠機制上，我認爲這一切純屬個人與個人之間的交易，當然希望和自己往來的窗口能在鳥取工作得很順利。基本上，我看重的不是他們所待的公司，而是他們自己的實力。

「也許這些都是我到鳥取之後才學到的。三十年前初來這裡時，我認識了一些不凡的書店工作者，他們在我準備開書店、準備適應在鳥取的生活時，給我指點許多迷津，像是如何打造書區、如何和客人打交道等，當然他們也是在前輩的教導下一步步走過來的。

「所以可能是受到這些前輩的影響，我認爲書店要從如何和客人打交道開始做起。首先就是將客人想看的書，或是可能會感興趣的書，送到他們手上。換句話說，這就是書店應盡的基本責任，所以像那種店頭擺滿向經銷商大量進貨的書，反而讓那塊空間變得四不像。」

我像呼吸空氣似的聽著奈良侃侃而談，那平易近人的話語裡隱含著深意，讓人怎麼聽都不會覺得腦子疲累，反而有種莫名的舒暢感，或許原因就出在奈良的視線位置。他說話時，不是直視我的雙眼，而是看向我的喉嚨到胸口一帶，雖然一開始有點不太習慣，但想想也許這就是他的一貫作風。

當我正想詢問他對於伊藤清彥面對「書」的態度有何看法時，奈良說了這麼一句話。

無論哪一本書賣了多少本，都不如從每位客人手上接過的那一本來得有意義。

聽到奈良這麼說時，我想起伊藤聊起他在地方廣播節目介紹書的經驗。伊藤說，在眼前沒有任何聽眾的情況下介紹書的經驗，多少對他賣「書」的方式有所影響。或許也可以這麼解釋，身爲書店店員的他已用盡所有的銷售手法，也盡全力了。伊藤說自己永遠也忘不了那種幫看上眼的書稍微煽風點火，馬上就能賣掉幾十本、幾百本的快感，然而伊藤也感受到自己正逐漸背離這份工作與「書」的本質。伊藤清彥的苦悶由此開始的同時，也萌生東山再起的念頭吧！

會不會點太少啦？

如何？還合你的口味嗎？要不要再點些什麼？

不好意思，我一直猛喝水。

奈良很在意一家店的服務周不周到。爲什麼這麼說呢？因爲奈良說他定期會去大阪一趟，投宿的那間商務旅館竟然沒有提供刮鬍刀，他對這點很不滿。

「只要打電話到櫃台說一聲，他們就會送來。」我說。

「是喔……可是這種事我不太好意思開口。」

翌日，我搭奈良的車一起去太極拳學員要進行檢定考的會場。集合地點的海邊停車場已經停了好幾輛車，他們在那裡稍微做一下暖身操後，便出發前往會場所在地倉吉市。途中在路旁的車站停一下做最後的確認，奈良和昨天一樣逐一細心地建議、叮嚀。在前往會場的途中，奈良拿了一大堆暖暖包交給首席女弟子，囑咐她發給大家保暖用。

送學員們進入應試會場後，我們兩人便開車兜風。

太極拳的級別分爲五級到一級，以及初段到三段，還有做爲指導員資格的最高等級A，共四個等級。奈良是二段，拿到指導員資格B等級。自從成爲指導員之後，他每天早上、中午、晚上一定各自主練習三十分鐘到一個鐘頭，而且定期會去大阪拜師精進。

有三位學員昨天沒來練習，所以今天和他們是初次見面，其中一位男士還主動與我攀談，他推薦我來鳥取一定要嚐嚐牛骨拉麵，尤其是一家叫做「小菫食堂」的牛骨拉麵最好吃，他說雖然這家店有點遠，不過要是有時間的話，一定要去吃吃看。奈良開心地跟我說那位先生是個很有趣的人，我以為他應該是任職於市公所的觀光課或是從事什麼買賣，沒想到他是高中老師。

「他是那種既認真又很熱情的人呢！他是境港市人，境港那邊的人都很熱情，譬如學校請他擔任足球隊顧問，他就很認真地買了一大堆教學手冊和影片來研究，大概砸了超過百萬，連裁判的資格都考取的樣子。不過後來因為學校人事調動的關係，他的顧問身分也沒了。雖然旁人會覺得他先前的努力都付諸流水，但他不以為意，反而覺得自己能夠認真研究一件事，是很幸福的事，所以我覺得他的個性眞的很棒。」

這位高中老師也是因為光顧定有堂書店才結識的客人。某天，他告訴奈良也想湊個熱鬧，參加他所舉辦的讀書會，後來奈良知道他是為了想發洩過剩的精力，於是建議他學習太極拳。昨天一直陪著我們的首席女弟子也是因為光顧定有堂，在奈良的勸誘下開始接觸太極拳。我問他是不是之後都是用這樣的方式招募學員，奈良表示雖然會在店裡遇到各種客人，但會主動勸誘的對象其實只有幾個而已。

「不過的確多是從收銀台的對話開始結緣就是了。我會看著對方，稍微聊個幾句後，突然有種『這個人眞有意思』，直覺或許可以藉此機會交個朋友之類的。總之，就是那種四目相交，看對眼的感覺。」

我可以想像奈良靠開太極拳教室與讀書會的額外收入應該也沒多少，照他開課的收費標準，太極拳教室一堂課五百日圓，讀書會一次一百日圓，昨天一共有六位學員來練拳，按照每週一堂課計算，收入實在少得可憐，讀書會也只是意思一下收個參加費。雖然來參加讀書會的多是定有堂書店的熟客，但也不太可能為書店的營收增加多少。

書店二樓空出來的房間原本是奈良自己練拳的地方，後來他在公民館授課的幾個學生說想過來看一下場地，之後便乾脆來這裡上課。

「若以提升業績和收益來看的話，那我做的錯事可多了。就連賣書一事也是，譬如有人想在附近寺院或是醫院擺個小書攤賣書，我都會出手幫忙，算是在做義工吧！在那樣的地方賣書，而且賣的人還是個門外漢，一定會做些書店絕對不會做的陳列方式，沒想到卻賣得出乎意料的好，這是怎麼回事呢？我覺得這一點很有意思。

「不只書店，開始經營一家店，就像在寫自己的故事，而且只要一想到這樣的開始會有什麼樣的發展？就不會奢望施一分力就能得到一分效果。其實我覺得自己的故事裡還是多些施八分力才能得到一分效果的事情比較好。」

我們邊吃咖哩飯，邊喝咖啡的這家店，位於倉吉市一處叫做赤瓦的觀光勝地。就在我們準備離開時，接到首席女弟子的來電，她說自己已經考完試，也大概看了其他學員的應試情況。於是奈良開車回去接首席女弟子。她上了車之後，便有點興奮地報告大家應試的情況，譬如有人做到一半重做之類的，奈良嗯地一聲回應，沉默片刻。

奈良問我要不要順道去另一處觀光地燕趙園看看。這處象徵鳥取縣與中國河北省締結友好關係的燕趙園是平成七年（西元一九九五年）開幕的庭園，園內沒什麼遊客，一片靜謐。就在我們邊聊邊逛庭園時，奈良陸續接到學員回報的電話，果然沒有人有自信能夠順利晉級。

天色漸暗，我們返回鳥取市。奈良在車上聊起他開書店的始末。

二十幾歲時的我，一直在尋找自己的人生目標。任職戲劇藝文活動公司時，有人問我：「做自己想做的事就對啦！你想做什麼？」我卻說不出自己到底想做什麼，這件事對我造成不小的衝擊。雖然找不到答案，但我知道自己特別喜歡書，也想過去出版社工作，畢竟學生時代待過傳播社團，也寫過文章，接觸過不少相關領域。但又想若是走開店做生意這條路呢？不但最能一直做下去，也滿有趣的樣子。剛好那時內人的雙親身體欠佳，內人考慮回鳥取縣老家照顧雙親。雖然也考慮過經營其他方面的生意，但後來還是決定在鳥取開書店。

回到定有堂書店，雖然還沒決定今晚投宿的地方，但我來這裡之後還沒好好地看過店內，所以我邊和奈良聊著，邊慢慢地瀏覽每個書區。

我依序看著書櫃層板上貼著印有關鍵字的黃色標籤，上面寫著「讓人愉快的書」、「給年輕的你」、「女性專書」、「思考的啓發」、「衝擊的一本書」等淺顯易懂的關鍵字，但像是「意識」、「引導師」之類的關鍵字，又是什麼意思呢？貼著「spirit」關鍵字的國外小說書區，以及貼著「voice」關鍵字的書區，都有米原萬里的書，這種配置的意圖著實令我好奇。還有像是貼上「自然實現的願望」、「貼近所有的願望」、「改變『思考的習慣』」等字眼的標籤，仔細一瞧，竟然都是擺些關於貓咪的書，看來關鍵字與擺置的書籍並沒有什麼絕對的關聯性。此外，天花板上垂掛著電影、戲劇、文化情報誌之類的海報和傳單，還有一些捲成筒狀的文宣品。

收銀台四周擺著與鳥取以及這家書店有關之人的作品，其中一本《我的鳥取》（木元健二著，今井出版，二〇〇八年出版），是朝日新聞記者回憶派任鳥取時期的工作點滴。書裡介紹了六十位鳥取當地各行各業的人士，奈良敏行也是其中一位。「這本書是他後來自費出版的，是一位非常認眞的記者。」後記的「附註」還寫上對奈良的由衷感謝。也許從揀選採訪人選到印製成書的過程中，奈良都給予他莫大的協助。我問了奈良，但他並沒有正面回應。

從昨天開始就聽他好幾次提起開設安寧醫療「野之花診療所」的醫師德永進的故事。他與《想傳達的事》一書的作者濱崎洋三，都是奈良最敬愛的鳥取名士。書架上並排著德永進的兩本著作，一本是最新作，一本是舊作，目前是由定有堂獨家發行。

我想兩本都買，奈良卻面有難色地說：

「買一本就行了，這一本可以不用買。」

他要我不用買的是舊作。

「既然我都特地來一趟了，還是想兩本都買。」

「這一本是比較新的……」

「爲什麼不能兩本都買呢？」

「嗯……」

「既然如此，那我買舊的這一本，新的應該去別家書店也買得到。」

「其實這兩本內容差不多，我是覺得你買這一本新的就行了。」

「……」

「畢竟第一本的印象很重要，希望你會喜歡。」

於是我不再堅持，放棄購買比較舊的那一本。

後來他又向我介紹由一位遷居鳥取的男人獨自創刊的地方情報誌《山陰之光》，以及某位也是定有堂熟客的評論家，於講談社免費贈閱的刊物《書》上的連載等，奈良熱心地向我介紹一位位與鳥取、定有堂以及他本身有關之人的著作，我也一本一本地挑選著。

小小的一家店不能讓人一眼看盡，不然客人馬上就厭倦了。

這是以前經營書店的前輩給他的建議。

我決定投宿昨天住的那家旅館。我們在附近的喫茶店坐了一會兒後，奈良開車載著我和首席女弟子，先送她回家，我們再前往餐廳。

我在餐廳裡進行首次正式訪談。與其說是正式訪談，不如說我想感受些什麼，這種心境無論是在和歌山、岩手還是東京都是一樣的。和昨天一樣，他沒有喝酒，只有我喝了一點，我表明自己也是不太小酌的人。

我拿出自己帶來的《禮物論》等十幾本書堆放在桌上，因為想讓奈良邊看這些書邊聊。

「太好了。我一看到書，話就變多了。」

「當然有那種對書店工作非常熱情的書店店員。

「我舉個例子，有個人繼承家裡開的書店，可是某天他說除了賣書之外，還想經營別的買賣，他說反正開的是書店應該也沒差。也許他對書本來就沒什麼熱忱，所以後來便眞的收了書店。

「若是有熱忱的書店店員，肯定不會有這般心態，因爲有熱忱的書店店員會說他就是想做這份工作，這份工作遠比其他工作都來得有意義。

「那麼想開書店的慾望又該怎麼解釋呢？

「只能說那個人無法將慾望帶進書店這個地方，因爲他還年輕，還有很多想實現的人生慾望，但這些慾望都無法在書店找到。那麼，將自我慾望投射到書店的人，又在書店找到什麼呢？

「對我來說，就是交流。

「也就是人與人之間的交流。也許你會說，任何地方都能與人交流，但我是個非常怕生的人，在陌生人面前極度口拙，可是現在的我卻滔滔不絕，爲什麼？因爲我經營的是書店，透過書與別人交流。只要有書在，我就覺得很自在，也會變得很健談。那大家又是怎麼看待自己的慾望呢？不同年紀會有不一樣的想法，我想知道其他人又是基於什麼樣的慾望經營書店？

「早川義夫先生寫過一本名爲《我是書店歐吉桑》的書。它是由雷蒙・夢果（Raymond Mungo）寫的《如何不上班也能賺錢過生活》所發想出來的第一本系列之作，我想負責這本書的編輯肯定費了不少心思。雖說是系列之作，但光是這一本就讓人忍不住拍手叫好。重點之一是封面的插圖，店老闆微笑地坐在屋內，身旁有小孩還有小貓，給人一副閒閒沒事幹的感覺，但其實講的是書店奮戰苦鬥的每一天，所以看了之後會有種被封面騙了的感覺。

「這本書不但反映了作者的心境，也反映當時對於不上班也能賺錢過生活一事的憧憬，我想最明確的答案就是大家都想自己當老闆。

「那現在又如何呢？那時想自己當老闆的慾望又是什麼呢？

「筑摩書房曾針對書店發行名爲《哼嗨通信》的傳眞傳單，希望藉此與書店建立更緊密的關係。我還記得《哼嗨通信》深深影響了我。雖然這份傳單是以書店爲單位發送的訊息，但從某一段時期開始，發送訊息的對象卻變成賣場工作人員。因爲筑摩書房想與書店建立良好的互動模式，即便全國各地書店越開越多，賣場越搞越大，但與書店的往來還是透過各賣場工作人員。所以那時我看到雙方透過《通信》互相交流，感受到眾人一起努力的熱情。畢竟在此之前，書店同業之間的交流，還是以早川義夫先生這類獨立經營者爲主。

「也許從那時開始，書店經營者的慾望便有了些許改變吧！雖然同樣是在賣『書』，但獨立經營者與賣場工作人員是不一樣的，不是嗎？

「獨立經營的書店會遇到各式各樣的客人，這些人不全是愛書者，有時也會碰到與書無關的請託，或是突然來了一位怪怪的歐吉桑；記得在《我是書店歐吉桑》一書中就有提到這樣的趣事。我也想過要做一本類似《通信》的刊物，將看似毫無直接關聯的事情全都連結在一起。我想比起獨立經營的小書店，賣場工作人員在應對客人這方面是比較弱的。

「但他們對於身爲書店店員這件事還是有著熱忱。只是我很好奇他們的內心存在著慾望嗎？又是什麼樣的慾望呢？」

我回答：「我想他們還是一直有著自己當老闆的慾望吧！只是與以往不同的是，應該會更自由一些……像是店鋪的經營方式，或者是否要脫離業界既定的框架等，搞不好要是不脫離框架的話，就無法實現自己的慾望吧！我想不管開的是新書書店還是二手書店，書店的形式都會逐漸改變。至於到底是怎麼個改變法，很難具體說明就是了。」

奈良接著說：

「我想起一件事。

「就是昨天送你的那本《想傳達的事》，因爲報紙曾在濱崎先生去世之前報導過這本書，結果賣得超乎預期的好。那時還有人從廣島打電話給我，說他看了這本書之後深受感動，問我能不能以便宜一點的價格賣給他。後來他向我訂了一百多本。我問他也是經營書店的同業嗎？他說自己是在做以學校爲主的零售商，因爲《想傳達的事》講的是一位深受學生敬愛的老師的故事，所以想先推薦給學校的老師們閱讀。

「可見沒有實體店面的銷售方式也是一種型態。就我的感覺來說，這就是一種小型交流吧！最重要的是現在能做些什麼，該怎麼做。」

我附和：「我也這麼覺得。就算不是在既定的位置上，只要能將『書』交到你想交的人手上，不管任何形式都行。地方書店也可以嘗試與零售商之類的形式做更緊密的結合，不是嗎？雖然這方法不算新，但做法比以往更多元就是了。」

「就與未來連結的意味來說，只要承繼這股熱忱，無論在哪裡，無論是誰都能夠重新開始，這就是一種連結。」

「沒有考慮過由誰來繼承定有堂嗎？」

「我沒想過這件事。也許應該說，連想都沒想過吧！

「也有客人問過我這個問題，但我想至少應該沒有人和我的做法一樣吧？若只是留下店名，經營方式完全改變的話，那就沒必要留下來。在我還是一張白紙的狀態開始經營時，曾經和一位被當地人稱爲書店傳奇的前輩交流過，受到他不少照顧，但也就這麼一位而已，因爲其他被稱爲傳奇的書店都已經不在了。我也是透過客人得知他和書店的事。每次聽到那些前輩的傳奇事蹟，我就會告訴自己一定要效法他們，然後就會感受到自己從一次面都沒見過的前輩身上承繼了什麼東西。譬如，我每個月或每三個月向積欠書款的客人請款時，有人會說必須等公司發獎金才有錢付款，其中也有靠退休金過活的客人。每次我說給別人聽時，對方不是質疑書店這樣經營得下去嗎？就是覺得我的這種經營方式肯定很辛苦。」

「那有撐不下去的時候嗎？」我問。

「剛開始經營的時候眞的很辛苦，因爲當初這附近的書店挺多的，所以還曾被同業前輩說這附近的書店已經夠多了，實在沒必要再多一間。那時我很懷疑自己究竟撐不撐得下去。後來附近的書店數量逐年遞減；我剛開始經營定有堂時，從車站那邊到縣廳一帶有二十四家書店，現在這附近只剩下四間吧！」

「有人說地方遭到破壞是主要原因之一，因爲到處都開路開得亂七八糟。我來這裡時，也是託鳥取大道一直延伸到市街附近之福，才趕上太極拳教室的上課時間，卻也因此錯過一路上想看的東西，像是自然美景之類的。在這種情況下，還能靠個人能力克服地方崩壞這堵高牆嗎？我想這問題與網路興起，影響實體書店經營的情況並不一樣。」我說。

「我想書店說穿了，就是一種量力而爲的工作吧！我有店面、有書，所以只能在這裡接待客人。但我覺得這樣就夠了，因爲我想經營的書店就是一間很低調、凡事量力而爲的書店。只要有一處小小的、讓大家能夠輕鬆走進來的空間就行了，這就是我的堅持。當然像剛才說的那種沒有實體店面，不限對象、地方，隨時都能進行的小型交流模式也不錯。」奈良說。

「可是現今出版物流體系並未支持這個小小的存在，也沒有打算針對這部分進行任何改善。奈良先生所說的『量力而爲』，只能靠單打獨鬥的方式來進行，也就是在各個現場，各自奮鬥。」

「我想經銷商會先以如何控制數量爲主要課題。用機器管理數量龐大的書量，設法合理化之後，接下來就是朝如何減量的方向進行。

「但我想本來的目的應該不是如此。之所以控制數量，應該是爲了改善物流體系的品質，也就是藉由處理龐大的書量，累積銷售資料，然後傳遞到每一家書店，這才是最主要的目的。

「我想現場的聲音，也就是每一家書店的情況肯定都不一樣。明明改善的目的是爲了能更有效回應每一家書店的需求，然而實際上卻成了經銷商更能掌控主導權。譬如有個全國共同促銷的活動方案，除了好幾百坪的大型書店會配合之外，他們也會向小書店提案，於是這個活動不知不覺便成了一個共識。

「其實現在經銷商那邊也有很多是負責與小書店接洽的業務員，我覺得他們也越來越搞不清楚自己現在從事的這份工作究竟有何意義，背負的又是什麼樣的使命？他們之中有些人也很希望自己做的是能徹底改善物流體系的工作。要是每位經銷商的業務員都能將自己看到的書店模樣，傳遞到每一家書店，做自己眞正想做的事就好了。

「我認爲一味朝擴展領域的方向走，不是書店該有的模樣，經營書店還是要量力而爲，一點一滴建立與客人之間的情感。店雖小卻擁有很多客人，用自己的方式將書交到每一位客人手上。

「書店有身爲書店的使命，應該說是不得不背負的使命吧！必須回應每一位客人、每本書的需求。只要客人有要求，不管什麼書都要想辦法弄到手，只要是關於書的事都要學習，否則被問倒就很丟臉了。這就是對所在地方應負的使命。

「可是不知不覺間，這種精神已經蕩然無存了。當然客人不再要求也是原因之一，反正現在只要上亞馬遜就能買到書，或是去郊區的書店買書，還可以順便逛一下超市。也就是說，由客人打造一家店的結構被破壞了。以往的模式是客人爲了要求店家提供自己想要的東西，必須培養店家，這就是所謂的互惠性。

「書店也是，重視的不再是與客人之間的交流，而是以銷量、資本力雄厚與否來決定一家書店的生存。我想這股風潮席捲後所留下來的就是像井原心靈小舖的井原小姐這類認爲自己對地方負有使命的人。」

「也就是說，他們必須繼續堅持下去囉？」我問。

「當然可以隨時收手，我覺得就算井原小姐將井原心靈小舖收起來也沒關係。就像影響我的那些前輩們，正因爲他們對地方有著使命感，所以我才能透過客人了解他們的理念與精神，感受到一種傳承的聯繫感。我想充分燃燒這種精神，不讓自己有半點後悔；井原小姐應該也是這麼想的。」

聽完這番話，竟讓我也動起「明年來開間書店」的念頭。

一回神才發現餐廳裡只剩我們。

眞的好不可思議，爲何和這個人說話，腦子會變得如此清爽呢？

我們約好隔天中午碰面，果然還是在定有堂附近的定食屋與喫茶店消磨時光。

話題轉到開書店之前的事，還有他在大學時代認識他太太的事，以及他任職於郵局時結識一位個性獨特的同事。

「郵局裡分爲第一科和第二科，各有各要負責的業務，當然立場也是對立的。要是沒有打進任何一科，就得不到任何情報，也享受不到各種好處，自然而然就會被孤立。

「可是有一位同事活脫脫就是個獨行俠，不太跟別人打交道，打從心裡瞧不起自己的工作，所以對工作也沒什麼熱忱。大部分進入郵局工作的人，確實會有這麼一段時期，但隨著時間的增長，會慢慢轉換心態。後來和他熟了之後，才發現他是個非常聰明的人，很喜歡釣魚，而且想法很多元化。後來大家感受到他的獨特之處，看待他的眼光也變得不一樣。」

我一邊聽奈良述說他的同事是個多麼有魅力的人，一邊心想：居中牽線，讓大家能夠慢慢接受這位獨特之人的人，就是奈良吧！但他完全沒提到自己做了什麼，只說在郵局工作的那段時間學到交流這門學問。

我想與特立獨行之人的交流，應該多少影響奈良決定開書店的念頭。但奈良每次提到開書店之前的事時，一定會加上「這事和書店完全沒有關係」、「這沒有關係，請不要寫進去」、「聽聽就算了」這幾句。爲何要如此明確劃分開店前後的事呢？

他說因爲開書店之後的他，和之前的他完全不一樣。

「對我來說，書店就是我的下半輩子。

「或許和本來想的有些不太一樣。我認識一位原本在東京開書店，後來像我一樣遷居鳥取，開了一間喫茶店的朋友，他說想在這裡悠閒地度過下半輩子。我也是想了很多之後，選擇書店做爲我下半輩子的依靠。還沒開書店前的我，一直在找尋自己的人生定位，所以開了書店之後，我告訴自己一定要全力以赴才行。

「成了賣書人之後，很多事情都變了。因爲喜歡書，所以開書店。愛書人的生存之道，是自己當主角。賣書人的生存之道，則是客人至上。

「我想這就是不一樣的地方。這裡所說的客人，就是那些愛書人，也就是讀者。藉由與他們的交流，認識不同領域的人，不過這樣的說法帶了點企圖，不太好就是了。

「開書店讓我結識了很多很棒的愛書人，這些人才是書店的主角，所以我的心裡感覺自己的存在越來越渺小。」

奈良花了超過一年的時間準備，定有堂書店於一九八〇開張。雖然直到同年六月遷居鳥取之前，奈良還在郵局工作，但透過友人的介紹，認識了經銷商日販的業務員，在業務員的介紹下，奈良利用工作空檔，前往千葉縣松戶市一家書店學習經營之道。

「那時和現在的書店做法完全不一樣，」奈良回憶那時的點滴：「開店時的商品全由經銷商準備好，還會帶你去向附近的同業打聲招呼，拜碼頭。前輩們知道我是新手之後，都會熱心地教我怎麼陳列、上架，然後偷偷地告訴我，要是什麼事都照經銷商的意思去做，肯定失敗，應該盡快學會自己挑選書、打造書區才是當務之急。雖然經銷商的業務員不是在書店工作的人，但他們對書很熟，所以還是要和他們打好關係。前輩們還介紹我認識當地情報誌的相關人士，這些人也提供我很多寶貴的意見。

「那位業務員眞的很厲害，他很清楚在鳥取開書店一定要和當地哪些人打好關係才行。託這些人的福，我才能從頭開始做起，一直堅持到現在。總之，開店過程就是這麼回事。

「開業後蒙受周遭前輩的指點，像是如何掌握定期會來光顧的客人每個月購買的金額等，譬如本來每個月會花一萬五千日圓買書的客人，這個月卻只花了八千日圓買書的話，可能是沒有看到自己感興趣的書，這時就要多加把勁，盡量迎合客人的需求；相反地，若是客人花了超過一萬五千日圓買書的話，千萬別急著加把勁推銷，維持住關係才是最重要的。

「一開始要陳列每一家書店都會擺的書，這是最基本的業績。但某天有位客人對我說：『你不是說自己是因爲喜歡書才開書店嗎？可是這店裡根本沒書啊！』我才驚覺附近的書店因爲各種原因，一家接著一家收了，加上連鎖書店進軍郊區的威脅，於是我拜託任職朝日出版社的友人，開始進一些朝日出版社的科普類叢書，從一般書擴充到哲學類書的範疇，逐步發展到現在的規模。」

奈良並沒有提到證明定有堂何以能經營三十年的業績與營利，想必是從那時開始便放棄以數字的多寡來證明一家書店存在的價值吧！

「只要沒有赤字，還養得起兩位工作人員，我覺得這樣就夠了。當然收支管理很重要，這部分都由我內人負責，但我不想用這些考量來經營書店。」

雖說如此，還是很好奇為何定有堂能穩定經營三十年？從周邊情況以及奈良談話的內容來推想，首先就是定有堂書店似乎擁有不少愛書、優良的老顧客，每個月會花超過十萬日圓買書的熟客似乎不少。此外，定有堂與鳥取縣當地的圖書館以及其他書店的關係都非常好，也是全國有名的事。不像其他地方的圖書館會以刪減購書費用等理由，要求書店壓低價格，書店明知這麼做會虧損，但礙於競爭激烈，也只能勉為其難地照辦。就這一點來說，鳥取縣似乎始終與地方書店維持健全的合作關係。

還有樓高三層的建築物是自己的，房貸已經全部還清，這是如何穩定經營書店最重要的一點。對於本來毛利就很低的書店業者來說，有無固定費用的支出影響非常大。定有堂書店只有兩位工作人員，而且都是做了很久的資深老鳥。就五十坪大小的賣場來說，這點著實比其他書店來得有效率。

也就是說，奈良敏行確實做到小店可以做到的事。他說這是因為在鳥取所以才做得到，要是在東京肯定沒辦法。雖然我覺得這話是謙虛之詞，但對奈良而言，卻是不爭的事實。

當我們聊起店裡的兩位資深員工時，奈良很自然地脫口而出：

「要是定有堂撐不下去，打算做別的事，我還是會找他們一起努力。」

像是員工上班時突然身體不適，奈良會親自開車送他們回家，他說這只是舉手之勞。而且店裡的兩位員工都是正職人員，不是工讀生，這是因爲奈良覺得既然要雇用，就要提供保險等完善的工作福利，因爲員工也是家人。雖然這番話是出自一位經營者口中，卻沒有半點刻意的感覺。

翌日，我從JR鳥取車站出發，一路上邊買東西邊走到圖書館，足足走了一公里多的路程。逛了定有堂以外的其他四家書店，買了幾本感興趣的書，最後去了一趟圖書館和公文書館，再回到車站附近，走進來到鳥取時享用早餐的丸福咖啡店。

奈良說因爲是在鳥取才做得到。我稍微逛了一下市街，還是不太了解這句話的意思。前幾天，我利用空檔時間看了鳥取砂丘旁的野韭田，也去了奈良推薦的神社和神社內的小池，還用當天來回的方式去了一趟郊外的溫泉區，逛了車站前的商店街。

只能說鳥取市中心一切還算可以，雖然不必跑一趟郊區大型購物中心也能滿足日常生活所需，但稱得上大樓的建築物只有商務旅館和幾棟大廈而已。也有知名的老舖和年輕人會去的店，但這裡實在稱不上是多麼時尚的城市。稍微跑遠一點就能看到有許多螢火蟲的自然美景，也很適合散步。鳥取砂丘一帶平日觀光人潮不斷，十分熱鬧，但因爲離市區還有段距離，所以市區就無法像觀光地那樣熱鬧，而定有堂已充分融入這個一切保持「還可以」的市街。

我去了其他四家書店，也買了一些書。有一家是暢銷書十分齊全的典型書店，也有一家是擺上許多關於當地的書，

還有一家是我問了正在整理書區的女店員，這附近還有什麼其他型態的書店時，她很熱心地告訴我那些我已經逛過的書店。「定有堂滿有名的，是一間很不錯的書店喔！我們家也還算可以啦！」女店員笑著對我這麼說。

我又走回定有堂書店。今天沒和奈良約，所以沒看到他在店裡，雖然有點可惜，卻也有種鬆了口氣的感覺。

就在我和男店員四目相交又轉移視線的瞬間，內心忽然有種不知所措的迷惘感。連著幾天造訪，他應該已經認得我才是，就這麼默默地瀏覽書區也挺尷尬的，於是我問他：「今天店長出去了嗎？」

只見他回說：「店長在啊！」馬上打內線電話。我還來不及阻止，便看到奈良從收銀台左邊的小門探出頭，招呼我上二樓。

再次來到初次照面時的房間，奈良雖然正在忙，卻還是態度溫和地請我稍等。

我向他報告自己已經逛過其他書店，也去了一趟圖書館。哪家書店賣不少關於鄉土的書，哪家店的店員很親切……奈良和昨天一樣，眼神稍微向下地侃侃而談著。

「你去吉成那邊了嗎？」

吉成位於車站另一頭，其實他是指鳥取最大的連鎖書店，也就是今井書店的吉成店。

「去那邊看看吧！我想來回大概三個小時。」奈良昨天也這麼說。我告訴他，因爲那裡離車站有點遠，所以等會兒打算開車過去看看。

「這裡實在沒什麼，眞的。」

總覺得奈良這句話聽起來過於客套。搞不好是我想太多，也或許因爲自己是當地人，所以要表現得謙虛些，畢竟遷居來這裡已經三十年。井原萬見子之於舊美山村，伊藤清彥之於岩手，奈良敏行之於鳥取，總覺得三者之間有著不一樣的地方。

奈良換了個話題。

「昨天你不是問我，爲何開店之前的事和現在無關嗎？我說讓我想一想再告訴你。」和初見面那天一樣，奈良拿起裝著熱茶的水壺，注入放在我面前的紙杯。

「這就是這次訪談的主題，」奈良在我面前放了一張紙：「換句話說，這就是關鍵字。」之後，他順手將水壺放在桌子中央。

「爲了深度解釋這個關鍵字，所以有了這個主題。從這張紙上所寫的事，可以衍伸到很多層面，但這紙上沒有除了做爲書店以外的事，我想這點必須跟你說明清楚。」

我還是聽得一頭霧水。爲何要摒除書店以外的人生呢？爲何如此劃分呢？我還是不明白，但有一點讓我深深感受到，這不是那麼簡單就能描述一個人。

我站了起來，要求最後再逛一下書店。

「也許會再待上一段時間，不好意思，請不用特別招呼我。」

「別這麼說，你已經大概都看過了。」

結果今天也是在奈良的介紹下，瀏覽各書區。

封面朝正面擺置的書明顯和昨天不一樣，這就是這家店能經營三十年的一大理由。「不能讓客人心生厭倦」，這是前輩給奈良的指點。具有熱情的書店的書架，每天都是流動的，現在我看到的書架，明天就會換了個樣。想要的書，只要有庫存就隨時買得到，只要上網訂購就能宅配到府，加上POD出版（譯注：Print On Demand〔數位出版〕，意指需要的時候才印刷，不必預先印製儲存，節省印刷費用與儲存空間）普及化的話，書店還是能夠永遠繼續生存下去的理由，也許就是因爲書店裡的書架能帶來這種一期一會的感動，希望這股精神能永遠傳承下去。

我在店裡買了幾本原本就想買的書，還有一直沒機會買的書，奈良也介紹了幾本書給我。他曾跑去京都待了一個禮拜，四處走訪書店。他說想引進京都的書在鳥取賣，所以書店一直擺售著京都論樂社出版的書。

「啊，差點忘了。」奈良輕呼一聲。和他相處的這幾天，他一直提到教導他很多的前輩。「這位前輩雖然已經不開書店了，但他曾出版過詩集，我一直很期待他能以書店從業人員的身分寫書，記錄他的工作心得與點滴。於是某天，前輩帶著他出版的書來找我，我一看，竟然是詩集，原來關於書店的事也能寫成詩啊！眞是本好書……」

記得奈良昨天的確這麼說過。

「這本送你吧！」

《詩集　川流不息之路》。我邊不好意思地收下，邊繼續逛著。來到關於「書店」、「書」的書區，我問他哪一本賣得最好？就在說出口的瞬間，才驚覺自己的愚蠢。即便「賣得最好」這字眼在別家書店可是珍貴的頭銜，但在這家店卻不具任何價值。對定有堂來說，將一本書交到客人手上，才是最有價值的事。奈良沒有回答我的問題，只問我讀過岡部伊都子的書嗎？我說家裡有一本，只是還沒看過。「這本書很不錯喔！」奈良抽出一本有書盒的書。

那這一本和這一本賣你吧！

這一本和這一本就送你囉！

在書店工作的人，將做為商品的書，從書架抽出來送給我。從沒有過這種經驗的我，頓時有些不知所措。抵達鳥取的那天晚上，他已經送了我一本《想傳達的事》，因為這本書是定有堂發行的，所以還算有種出版社送書的感覺，但這次實在太占人家便宜了。我一直推辭，堅持這是店裡要賣的東西，一定要付錢才行，卻又覺得自己說了很愚蠢的話。

我們隔著堆滿書的桌子暢談的那晚，我讓奈良看了莫斯的《禮物論》，還問他要是定有堂書店，會如何促銷《禮物論》這本書呢？雖然奈良的回答不是很具體，但我想一方面受到在地客人與前輩的指點與幫忙，一方面盡心服務客人，就是他的答案吧！

「這本書不是拿來賣的，是要送的。」

這也是他一個再簡單不過的答案。

不曉得是不是明白我的心思，奈良的態度始終很溫和，相較於此，我卻說了愚蠢的話。

「眞的很不好意思。」就在我步出店門時，奈良有些猶豫地伸出手想和我握手道別。昨天他也是主動伸出手。他的手有點冷，昨天也是如此。

我邊走向停車場，邊想著自己還眞是說了不少失禮的話。在二樓的辦公室時，我告訴他想報導他的事，只見奈良微笑地說了句：「還眞是不可思議啊！」

我是把你當作遠道而來的朋友來招待，也許像這樣在一起度過的時間，也能寫成文章吧！寫書還眞是一件有趣的工作呢！

一家充滿魅力的書店與愚蠢的我。

回想起來，一再重複的都是這般光景。

# 第七章　徬徨的男人

## ——巡禮那些缺乏特色的書店

離開定有堂書店，前往位於車站另一頭的今井書店吉成店，也就是奈良敏行口中鳥取市最大的書店。

一抵達，就瞧見距離今井書店幾百公尺前方有家蔦屋。我兩家都進去瞧瞧，果然兩家店有著明顯的差異，一邊是明確傳達這裡有想推薦給客人的「書」，另一邊則是照著總公司的指示陳列書。

前者是好書店，後者不是好書店。

我這麼評斷，但又想這麼做有何意義？畢竟挑選店、挑選書的權利在於每位客人，每間書店只是負責賣書；這是書店的使命，我贊同奈良敏行的這番話。但今天我又爲自己到底在堅持什麼的疑問而困惑不已。

我在停車場想著接下來該怎麼辦？如果時間來得及的話，本來想去趟米子拜訪一位人士，他在鳥取的圖書館與書店保持良好的關係中，可說扮演著非常重要的角色。於是我試著連絡，得知他去東京出差，明天才會回來。要是沒有其他約定就好了，其實明天打算在大阪和井原心靈小舖的井原萬見子碰頭。

於是我放棄去米子的念頭，決定解決剩下的功課後便離開鳥取縣。我去了奈良敏行的太極拳學員，也就是那位高中老師推薦的「小菫食堂」吃了牛骨拉麵。搞不好要推薦一家拉麵店，也得經過一番綿密的實地調查才行。

「小菫食堂」的拉麵果然美味，和鳥取給人的印象一樣，不需要過多的渲染，整家店的氣氛十分沉靜。我滿足地做完功課後，便出發前往大阪。雖然才晚上六點多，天色就已經暗了。我避開高速公路，選擇走一般國道。距離大阪市中心才二百多公里，就算慢慢開，深夜時分也能抵達。和井原約好下午碰面，至少還可以好好地睡上一覺。

時間充裕時，走一般國道就行了。當然也是爲了想瞧瞧位於郊區的書店。

我想拜訪的書店，與蔦屋代表的國際連鎖店，或是當地連鎖的郊區型書店是截然不同的型態。即便有做書店特輯的雜誌，也不可能介紹那些開在國道邊的書店，因爲這些就是從商品到待客之道一律制式化，極度缺乏特色的書店。讓伊藤清彥才待三天便辭職的就是這種書店。

倒也不是說沿著主要幹道開設的書店以及裡頭的工作人員做的是多麼令人輕蔑的工作，其實還是有那種讓人感受到「書」的有趣之處，也很用心打造書區的店。

一路上，我一看到書店「看板」就想停下車，進去看一下，反覆進行這種行爲的結果卻是失望大於期望。到底哪裡不對勁呢？只是將送來的書擺在決定好的地方，這麼做實在無趣。明明賣場寬敞、書種齊全，待客也很親切周到，卻感受不到眞心想將一本書交到客人手中的意圖。

最明顯的莫過於出租漫畫區，看到一整排被擺在透明塑膠盒中，猶如被無機質化的漫畫，這種感覺實在很差。一旁還貼上意思是請客人不要從書架拿出來看，口吻十分客氣的制式化貼紙。我看到站著隨意翻了一下便粗暴地塞回書架的客人，還看到無視警語，站著翻看漫畫的客人，店員卻視若無睹地從他們身後走過。

其實這做法始於出版社爲了與日益擴展的漫畫喫茶店相抗衡，而端出作家們當擋箭牌，主張要支付作者一定的使用費。經過一番波折之後，二〇〇五年開始明定出版物有所謂的出借使用費。這條法規的成立，無異讓想要經營漫畫租借的書店業者樂歪了，因爲只要遵守規則，既不用再遭大型出版社白眼，也能光明正大地設立專區，可惜這樣的做法無疑是扼殺「書」的可怕風景。

但我又想。

到底是哪裡不好？有很多人在這裡借漫畫，愉快地看漫畫，不就是這樣嗎？

之前我在札幌，經過一家原本是當地的連鎖書店，後來被蔦屋收併的郊區書店。想說進去看一下，結果非常失望，因爲這家店充其量只是擺書的地方。好比「最新一期雜誌刊載的特輯和這本單行本一起看，肯定樂趣加倍喔！」賣場裡連這類貼心的文宣都沒有。在附近又沒有其他書店可以比較的情況下，看來當地居民，尤其是小朋友恐怕從小以爲書店就是這模樣。

現在不管走到哪裡都看得到這樣的書店，如此的現況還眞令人擔憂。某天，我在居酒屋滔滔不絕地說這件事時，有位自稱是出版社業務部長的男人不干示弱地反駁：「雖說是這樣的書店，但我們也是靠這種店討口飯吃，現在那種雇用眞正懂書的人，堅持店裡只擺自己想賣的書的書店，恐怕已經剩不到十分之一吧！」

「你的意思是說，總比書店全都倒光好囉？」我反問。

「也不是這麼說啦！我的意思是，要是沒有你口中的那種書店，出版社也經營不下去。」

這也是一大現實。

車子奔馳在沒有街燈的昏暗道路。再過不久就要離開鳥取縣進入岡山縣，感覺再往前開一點就可以到津山的樣子，很久以前曾經造訪過那裡，想說順道去看看奈良敏行提過的書店。

我又想，「缺乏特色的書店」到底是哪裡不好呢？

奈良敏行曾說，一味擴展不是書店該有的生存之道。他雖然沒有指名道姓，但像蔦屋這種開了無數家分店的大型連鎖店，肯定名列其中。

在全國各地廣設分店的零售業者不只開店，也會收店。只要收益不如預期，就會把店收了另闢戰場，他們就是靠著「廢棄」與「闢建」這兩招，逐步擴張勢力。在我看來，這般忝不知恥的態度，實在違背「書店就是將每一本『書』交到客人手裡」的職責。然而這樣的書店還是有其作用，因為就是有那種純粹為了消費而出版的書，所以必須有能夠消費這些書的地方。

純粹爲了消費的書？我指的是什麼？又是誰決定什麼是純粹爲了消費的書？什麼不是這樣的書？是買這些書的客人嗎？但每一本書的價值因人而異，就算是同一本書，因爲擺放的書店不同，可能是寶也可能是垃圾嗎？有可能。那麼「缺乏特色的書店」裡的書全是垃圾囉？也不能這麼說。

因爲在「缺乏特色的書店」裡負責上架的書店店員中，也可能有人想將每本「書」交到客人手裡，只是因爲種種因素結果選擇留在這裡，也或許根本連選都沒得選。就像伊藤清彥只做了三天便辭職，但也有人選擇緊抓著稻草留在這裡。

又看見蔦屋的招牌，我停下車走進去，只待了三分鐘便出來。再怎麼說，它的分店也實在開得太多了。畢竟走到全國各地都看得到同樣一塊招牌也挺令人厭倦，不是嗎？這就是一個重大的社會問題，且此一問題通常沒有任何解決對策，也不可能改變什麼，只能想說它們也有它們的作用。但這畢竟還是很奇怪，不是嗎？因爲擴張得實在太可怕了。

少說大話，難道你沒在蔦屋買過書和ＣＤ嗎？

的確買過不少。後來雖然有些顧慮，還是會去那裡買，只是不想辦他們的會員卡，也不想去到哪家店都被問要不要集點，實在很煩。

預定要去的那家書店就在不遠處。我開著車經過一家規模頗大的二手書店，因爲是從沒見過的招牌，還滿好奇的，搞不好只有這麼一家店，或是岡山當地的連鎖店。

決定將車子調頭，去那家店瞧瞧。

這家店有一樓和地下兩層，一樓是漫畫、輕小說、動漫周邊商品、DVD等。雖然已經晚上八點半了，還有幾個國中生模樣的女孩子流連店裡，也有看起來二、三十歲的男客，還滿熱鬧的。

一下到地下樓，眼前是一片有別於一樓的光景。不但有小說、美術類的書，還有哲學類的書、鄉土類的書、過期雜誌等。因為賣場寬敞，感覺商品比一般二手書店來得豐富。只見店員用塑膠繩將二手書店常見的全套書捆成一落，還挾著一張用麥克筆寫上夏目漱石全集三十四卷、岩波書店版等字眼的黃紙。我聽某家二手書店老闆說，近年來因為出版社喜歡重新出版經典作品，加上POD出版（數位出版）普及化，所以一套全集作品的售價普遍都不高，但我覺得這家店的整體售價似乎偏高。

地下樓沒有半個客人。書櫃與書櫃之間的走道隨意堆著成綑的書，所以行走其間得留心腳下。成綑的書中竟然還有定價數萬日圓的美術全集，莫非是一招賣場噱頭？仔細一瞧，這些書的定價可不便宜，一副謝絕購買的態勢。

來到新書區，發現架上擺著十幾本《國家的品格》，抽出來一瞧，一本賣八十日圓。近來狂銷百萬本的書竟然只賣不到一百日圓的價格，這家店究竟有何意圖呢？《國家的品格》旁邊擺著將近十本的暢銷書《丟棄的藝術——東西太多怎麼辦？》，一看標價，一本賣兩百五十日圓。雖然不太理解這家店的標價基準，但這樣的標價法肯定有什麼意圖才是。

過了好一會兒，地下樓還是沒半個客人，於是我決定不理會監視器，從書架上抽出幾本書，索性坐在地上翻閱起來。累了就伸展一下筋骨，楞楞地瞅著店內。明明在這裡耗了一個半小時左右，卻不曉得到底要買什麼。後來選了一套長形開本搭配水藍色書盒，整體設計十分醒目，由國書刊行會出版的《巴比倫的圖書館》系列，上一樓結帳。絲毫沒有對我露出狐疑眼神的女店員，只客氣地問我要不要辦集點卡，想說留個紀念也好便辦了。

因爲臨時起意逛了這家店，所以耽擱了原本的行程。專賣新書的這家店以鄉土類的書爲主，是一間值得好好逛一下的書店。

該準備前往大阪了。但開了幾分鐘之後又看到書店，結果又停了下來。不過這家店沒什麼特別之處，所以只短暫逗留了幾分鐘。心裡開始有點急了，猛踩油門加速，但又抵擋不住印著「書」的招牌。正準備下車時，發現招牌的燈熄了，有位應該是店員的年輕男子拿著掃除工具走了出來。他將工具放在店門旁，回到入口按下鐵捲門開關，然後和應該也是店員的女子交談幾句後便走進店內。確定連店內的燈都關了之後，我才心無旁騖地一路朝大阪駛去。

日本的書店何其多。

除了是世界上閱讀風氣最盛的國家之外，也是拜高度經濟成長期與泡沫經濟時期之賜，出版業界促成書店一家接一家開的緣故。至少現在還是有很多書店只是當作擺放書的地方，這些書店究竟能維持多久呢？我想這和要花多久時間才能減少這些書店存在的問題是一樣的。

對於那些受現實所迫，只好留在「缺乏特色的書店」工作，即便如此還是憧憬能在用心將「書」交到客人手裡的書店工作的人來說，只能繼續做些小小的抵抗，但我想勢必還是白費力氣吧！對書店店員來說，比起賣那些書店打著閱讀之後可以改變人生的「重點書」，他們更想大聲地說：讓我們賣「自己想賣的書」。也許這麼做會影響自己在職場的處境，但實在由衷期望他們的心聲能被聽見。

我思考奈良敏行問我的一個問題：「不是經營者的賣場工作人員，對書店有何期望？」身爲經營者，有時候必須被一些既定的方針牽著鼻子走，但身爲賣場工作人員，具有抵抗方針的責任，因爲書店店員傳遞每一本「書」的行爲，有時比公司的盛衰問題還來得任重道遠。

# 第八章　特立獨行的男人

## ——千種正文館・古田一晴的獨到之處

我前往位於大阪梅田旁邊的中崎町，一進市區就頻頻塞車，車子幾乎走走停停。雖然在下午一點前停妥車，但一直找不到那家書店，只好邊問路，邊在同一條小巷轉來走去。「書是人生的點心！」雖然是只要聽過就忘不了的店名，卻遲遲遇不到知道這家店的人。我想井原心靈小舖的井原萬見子八成已經在店裡了。

自從夏天拜訪過位於和歌山的井原心靈小舖之後，我們便不時通電話、透過電子郵件聯絡，還曾約在札幌和東京碰面。

之所以約在札幌碰面是因爲要去聽她的演講。聽她說札幌商工會議所因爲看了她的著作《了不起的書店！》，因此邀請她前來演講關於她如何經營書店的心路歷程，於是我決定前往捧場。主講人除了井原之外，還有札幌的久住書房老闆久住邦晴。我很好奇這兩位小書店老闆面對來自各行各業的經營者，會說些什麼樣的演講內容。

前天我抵達札幌，去了位於琴似的二手書店兼咖啡館「蘇格拉底咖啡」，以及位於大谷地的久住書房，兩家都是讓人感覺很舒服，書種也很豐富的店。身爲市街書店的久住書房小有名氣，尤其是以「國中生必讀的書！書店老爹的雞婆叮嚀」爲題所舉辦的活動非常有名，甚至連九州、東海地區的書店公會等都響應過這個活動。

但久住書房的經營似乎不太順利。不介意我的突然造訪，親切地和我聊起兩家店的久住邦晴，果然還是提到當前最重要的經營課題是如何提升書店的毛利。

「我已經五十九了……頂多再撐個十年吧！得想想今後該怎麼走下去。」久住以平靜的口吻這麼說。

「有誰要繼承啊……我是有個女兒啦！可是沒打算讓孩子繼承，況且她也有自己的發展。倒是有個人……就是舉辦『國中生必讀的書！』這個活動時，有個從小學四年級開始就很熱中參與這個活動的孩子，他現在已經唸高一了，去年還和他爸媽一起來找我。

「他說他想經營書店，而且只想來久住書房學習，請我收他為徒，那時他才唸國三。

「我一時語塞，不曉得該回應什麼。

「聽到他這麼說，眞的很開心，也很傷腦筋。我和他約定起碼要唸完大學，如果到時還是有意願來這裡學習的話，隨時歡迎他來。結果他還眞的很有意志呢！每個月都會看十本左右的書，然後像寫讀書心得似的寫電子郵件跟我報告，我們就這樣一直持續地交換讀書心得，算算一年讀了不下一百多本書。前陣子他來我店裡請教我大學要讀哪個科系，比較適合為將來經營書店做準備，我建議他唸經濟系或是經營管理之類的科系。

「這孩子眞的很令人期待呢！

「至少到目前為止，還是有這份心思。

「現在各行各業都不景氣，我這家店也是，不曉得哪時候會收起來，要付經銷商的款項也還欠著，眞的是撐得很苦啦！不過周遭人總是不斷地給我鼓勵、打氣，多少給了我一些勇氣和信心，只要身負著使命就不能放棄，絕對不能。

「伊藤清彥先生離職的事讓我很詫異，因為我也是經營者，想說澤屋書店的社長肯定也遭遇難題，有經驗和實績的人是塊瑰寶，今後一定會有一番作爲。現在札幌的書店有很多資深書店人員紛紛離開這一行，我想大家還是很期待他們回來，但前提是書店的經營面一定要向上提升才行，所以如何提升毛利很重要。我希望書店的毛利率至少能從目前的個位數，想辦法提升到百分之二十五，問題是該怎麼做呢？雖然舉辦了很多文化教室，但要確保學員人數眞的很難。向廠商直接採購雜貨、文具、二手書等，條件都很嚴苛。

「不過一定有辦法才是，一定有的，要是有什麼不錯的建議，還請不吝賜教喔！

「和井原萬見子相約東京碰面，是在札幌演講後兩個月的事，井原是來東京探望住院中的朋友，想說順道去她一直很感興趣的某家書店，於是我開心地盡地主情誼，自告奮勇帶路。雖然我沒去過這家書店，但對它的印象不是很好，這家書店的老闆上過電視受訪，也出過幾本書，而且這家書店是以招徠幸福的奇蹟經營，單靠一己之力便能成功吸引客人上門等形象聞名，怎麼看都覺得很像商管類書才會發想的文宣。基本上，我對這類書一向很不屑，甚至將其歸類爲合法的詐欺。

「我和探訪完朋友的井原在新宿車站碰頭，搭地下鐵前往那家書店。結果一路上不但換錯車，還坐過頭，在井原的嘲笑下總算抵達。

「走進店內一瞧，果然有種複雜的心情，其實是一家有主題也很有特色的書店，但擺置的果然是以那種書爲主。出版老闆著作的出版社的書擺在最顯眼的地方，這家出版社的確也是以出這類型的書爲主，一旁還擺著作者們的演講ＣＤ、ＤＶＤ等。

「我走到小說類的文庫區，發現與那類書相比，明顯貧弱許多，都是些常見的作品。一家書店的實力取決於文庫，忽然想起伊藤清彥說過的話。因爲文庫多是單行本的再版，也就是說，文庫是再次根據內容進行評價與銷售成績而評估出來的產物，所以除了要對單行本書區相當了解外，也要很清楚賣場各書區的銷售情況，因此要是由閱讀量豐富，對書籍知之甚詳的人負責文庫區，那文庫區的陳列一定很棒，所以想要知道一流書店店員的實力，看文庫區就對了。

「井原則是悄聲喃喃：『原來是這樣布置啊！』、『這本書眞有趣啊！』地邊逛著。畢竟是爲了陪井原而來的，總要讓人家逛個滿意才行。過了一會兒，有位店員向井原招呼，我忘了是在哪裡看到的報導，一定會招呼客人也是這家店的特色，卻沒招呼我。

「在這裡待了三十分鐘左右，井原買了幾本書。我們步出店，邊朝車站走去邊聊著，井原說這家店的確有不少地方可供參考。『是嗎？』我回道，接著就吐不出半個字了。井原笑著說我看起來一臉快吐的樣子。前一天打電話約定碰面時間與地點時，我就問過井原爲何想去那家書店的理由，井原說，爲每位當地居民服務，是她的理念，想去這家店也是因爲這個動機。即便如此，我還是不明白，明明好書店多得是，爲何偏偏挑這一家呢？

「『我是爲了參考啦！』井原又重複這句話：『因爲平常根本沒什麼機會看到別家書店呀！所以每次去東京和大阪時，光是看到很多用心布置賣場的書店，就覺得有種大開眼界的感覺。』

「『是喔！』我的心情稍稍平復。對於身在四周都是壯闊美景，村子裡僅有的一家店來說，這種機會當然彌足珍貴。

「『我不會去想是不是自我啓發類的書，或是好書還是壞書之類的，因爲不曉得什麼樣的書會以什麼樣的方式傳達給讀者，不是嗎？』

「聽到她這番話，頓覺自己心胸狹窄。若她開的是一間好惡分明的書店，恐怕井原心靈小舖便無法在舊美山村經營下去。」

在大阪等待我的書店「書是人生的點心！」，是一間今年夏天剛開張的書店，因爲聽到井原要造訪那裡，所以我也要求同行。

有一位男子曾四度造訪井原心靈小舖，第一次是他很煩惱自己是不是還要繼續待在書店工作時；第二次是工作的店收了，他遭到解雇，人生最失意的時候；第三次是他決定重回書店工作，而且找到新工作時；最後一次他帶著幾位一起在書店工作的夥伴造訪井原心靈小舖。看來井原心靈小舖在他的每個人生階段中都扮演著重要的角色。

井原這次就是要來造訪他工作的地方，一家位於大阪府茨木市的書店。於是他主動向井原提議，希望她能先去另一家書店，幫一位獨立經營書店的年輕女老闆加油打氣，也就是「書是人生的點心！」這家書店。井原能夠出遠門的日子只有禮拜三的公休日，於是她決定先去「書是人生的點心！」，再前往茨木。

「書是人生的點心！」暱稱「書點心」，位於從梅田車站步行可達的中崎町，書店就在一棟名爲「巢箱屋」的兩層樓建築的一樓。近乎獨棟的建築內部被分隔成三個小店面，果然很像巢箱。

姍姍來遲的我走進店內，就聽到井原她們的談笑聲。比原田眞弓那只有五坪大的日暮文庫還狹小，剛踏進的瞬間便感受到一股悶熱感。不是因爲人多擁擠，而是因爲空間幾乎被書占滿。除了井原之外，還有兩位客人。一位是雜誌編輯兼採訪的女編輯，跟我一樣也是爲了井原而來，另一位則是在附近經營二手書店「ARABIQ」的男子。

我向店老闆坂上友紀打聲招呼。若一百個人的照片一字排開，票選誰最適合當這家位於「巢箱屋」的「書點心」的老闆娘，她肯定雀屏中選。像隻小鳥的坂上就是給人這樣的感覺，她曾任職JR系列的BOODS KIOSK等幾家書店，今年八月才獨自開了這家店。

架上的書多爲二手書，也有向出版社直接進貨的新書，還擺著明信片之類的雜貨。雖然商品內容與日暮文庫差不多，但只有三坪的大小，氣勢還是弱了一些。

我逐漸明白爲什麼一走進來就感覺店裡書很多，是因爲店中央有個從天花板垂掛下來的書架。照理說，在如此狹窄的店內正中央擺置書架，只會讓店內空間更擁擠，但因爲是垂掛在天花板上的關係，所以不但不會妨礙動線，而且無論站在店內哪個位置都能看到這個垂掛的書架和四方牆上的書，所以看起來書量豐富。木頭窗框也擺置著書，最裡面的雜貨區就沒有擺得那麼擁擠了，感覺十分俐落。

貼在書架上的手寫海報成了裝飾店內的設計。最令人眼睛一亮的莫過於她的裝扮，身穿綠色藤蔓圖案上衣的她，活脫脫成了會移動的手寫海報。

讓我最感興趣的是書的陳列方式，首先映入眼簾的是時代小說與翻譯小說，不少都是頗具設計感的書。「書」是這間店的主角，色彩與空間運用的品味則是輔助功能。

採買斷方式，直接向出版社進書的新書中，也有一些大咖級出版社的書，很好奇這些出版社爲何會回應她的要求？一問之下，原來她是上出版社的網站找聯絡方式，然後直接打電話找負責這本書的編輯，表達自己對書的熱情，誠懇請託對方協助。她想賣的新書大多都是採這般正面突破的方式購得。雖然每間出版社針對像「書點心」這般超小規模的書店想採取直接進書的方式所表現出來的態度不盡相同，但絕大多數都會附帶不能退書，一次至少要購買多少本、多少金額等嚴苛條件，還有不少出版社不提供送書到店的服務。

成排的時代小說中，也有當初因爲澤屋書店的田口幹人大力推薦，造成全國各地書店紛紛跟進的《安政五年的大脫走》的二手書。當我指著這本書說：「喔，也有這本書啊！」坂上便主動聊起這本書多麼有趣。聽她滔滔不絕地說著時，心裡起了疑問的我說明了之所以特別提到這本書的理由。當時根本沒玩推特的她，根本不曉得田口的一連串促銷奇招。

「原來如此啊！好厲害喔！其實我是那種很老派的人……」

雖然「書點心」有架設部落格，但開張不久便在上頭寫著：「結果就是我只有一副身體，一天只有二十四小時」、「我會在這裡用自己能夠做到的方式努力」而暫時關閉，後來友人建議她至少要在網路上宣傳一下，才又試著重啓一陣子部落格。

她有點興奮地說著這些事。坂上是那種聊著聊著會自然散發開朗氣息，讓人忍不住被她吸引的人。

也許是因爲空間狹小的關係，新書與二手書混雜排放，但感覺又不是因爲這緣故。也許有人會覺得這種陳列方式，讓客人搞不清楚究竟是新書書店還是二手書店，活脫脫就是門外漢的做法，我倒不覺得。依年紀來推算，她先前待在書店工作的時間肯定不長，所以受到既定規則與習慣束縛的時間也不長，說不定反而對她有正面的助益。

所謂書店不就是像這樣開始的嗎？

三坪的小空間強烈透露著這樣的訊息。

果然好景不常。開業不久，架上的二手書大多是她自己的藏書，「書點心」面臨能否繼續經營下去的危機。無論是陳列方式還是書籍的擺置，想必都經過幾番錯誤嘗試。租居的「巢箱屋」也因爲屋況老舊必須改建或是拆除，迫使「書點心」得另覓他處。

「我們要準備出發去茨木了……」井原這麼說，從包包掏出一本繪本：「那我就唸一本書當作謝禮吧！因爲我能做的也只有這件事。」

井原唸的是一本名爲《古倫巴幼稚園》的繪本，敘述從小就是愛哭鬼的小象古倫巴展開一段人生旅程，歷經幾份工作後，終於找到一份最適合自己的工作，也找回自信的故事。

坂上絲毫沒有露出困惑的神色，站在井原面前認眞地聽著。

唸完後，井原闔上書，響起掌聲。

我邊跟著拍手，邊問站在一旁的ARABIQ老闆覺得如何？他並未直接回答有何感想，只是說也許是因爲自已在鄉下長大的關係，所以小時候完全沒有什麼聽故事時間的回憶。我也是，如果不是在舊美山村聽過井原說故事，也許會對她的舉動感到疑惑。

因爲見過她在車站和校園所舉行的說故事活動，所以大概明白她的用意。對井原來說，說故事是她送給別人最大的禮物，因爲她相信「書」具有一股特別的力量。也許井原送給與自己開設井原心靈小舖時差不多年紀的坂上，是一份說是無價珍寶也不爲過的禮物。

離開「書點心」，去拜訪當天公休的ARABIQ之後，我便和井原以及那位女編輯一起前往茨木那位曾經四度造訪井原心靈小舖的男子所任職的書店。這是一家由別的產業投資開設的新書店。男子原本是在三重縣工作，因爲這家新書店招兵買馬，他便遷居過來，進入這家書店工作。

雖然是非常難得的重逢機會，但那天他根本沒辦法好好地招呼井原。只見他一下子回收銀台工作，一下子又被同事叫過去幫忙下架，十分忙碌。

井原對趕忙跑過來頻頻致歉的他說：「沒關係啦！今天只是過來看看你工作的地方而已。」

女編輯因爲還有事，所以先行離去。我看井原有點擔心趕不上回程的特快車，於是主動提議開車送她回去，井原欣然接受。她提議既然來了就逛一下賣場，同時也和好不容易有空走過來的男子站著聊了一會兒。

也許是因爲同齡的關係，感覺他是個很好親近的人。他說自己遷居來此，還是選擇書店店員這份工作，但直到現在還在找尋繼續走這條路的意義，看得出他依舊有些迷惘。他說井原心靈小舖一定要繼續經營個百年才行，因爲他覺得自己內心的疑惑，似乎能透過井原萬見子找到答案。

我們問他有沒有什麼比較推薦的書，結果他的答案讓我和井原不由得相視而笑。因爲剛才在「書點心」，井原聽了坂上的推薦，買了《安政五年的大脫走》。

「看來這本書眞的很有名啊！」聽到井原感佩地這麼說，倒讓我有些在意。男子喃喃地說自己還沒看過這本書。其實我是想問他有沒有哪一本是自己讀過，覺得很有趣，很想好好推一把的書，他說自己現在負責的是學習參考書、建築、醫學、電腦用書等。看來這個問題可能要等過一段時間再問他比較好，因爲現在的他，就是奈良敏行口中的「賣場工作人員」，只是不曉得下次何時才能再見到他。

與他道別後，我載著井原上高速公路朝和歌山縣日高郡奔去。她的車子停在當地車站前的停車場。雖然一開始講好就在這裡道別，但我臨時決定和她先生井原和義打聲招呼，於是又跟著她的車子奔馳了一段山路。井原和義爲了謝謝我送他太太回家，邀我一起去他夏天常去小酌幾杯的居酒屋。

因爲明天要和奈良敏行介紹的《我的鳥取》一書的作者木元健二等人碰面，所以等會兒要趕回大阪，我趕緊先表明自己能奉陪但不能喝酒。不過終究還是熬不過井原的盛情邀約，決定留宿一晚，於是井原和義打電話到井原心靈小舖旁的愛德莊。在這荒僻山區，寒冬時節的平日住宿不是擔心有沒有空房，而是擔心旅館有沒有提供住宿服務。旅館主人好像回覆有提供住宿服務，但沒有燒洗澡水的樣子。「沒關係！明天早上再洗就行了。」井原和義這麼回應後，便掛斷電話，拿起一瓶一公升裝的日本酒。

他又邀我參加三個半月後，由民間團體舉辦的馬拉松大會，我再度持保留態度，但心想這次恐怕躲不掉了。因爲很難拒絕這男人的邀約，總覺得拒絕好像會遭懲罰似的。

隔天早上，我在井原家門口和他們道別準備上車時，井原突然請我等一下，隨即匆忙走進屋內。

「本來想說下次見面時，把這本書拿給你。」

她手上拿的是我們在東京一起去過的那家書店老闆的著作。無論如何都不能拒絕對方的好意，否則會很尷尬……是吧？畢竟這種狼狽的經驗已經在鳥取經歷過好幾次，於是我滿懷謝意地收下。書裡還夾了一張照片，原來拍的是在井原心靈小舖附近盛開的石南花。

突然颳起一陣強風，周遭樹木的枯葉紛紛散落，時序已進入嚴寒的十二月。

四天後，我來到名古屋。

先去一家叫做「斑馬書房」的二手書店。走進店內的瞬間，感覺「書量」十分豐富。店門左邊有一個專門擺放岩波新書的書櫃，右邊的文藝書區則是排放著三島由紀夫等人的舊版單行本。店內有幾位客人，有位看起來應該是店老闆，約莫三十來歲的男子正和客人聊著。想說不太好意思打擾，決定先瀏覽一下店內，但總覺得有一種好像在偷聽他們說話的罪惡感。那位男客人好像是在其他地方經營書店的樣子，當他聽到店老闆說他的客人男女老少都有時，忍不住羨慕地說：「眞好啊！我那邊啊，連半個年輕女客人都沒有。」

「我店裡的書確實不差啊……我開的明明是新書書店，可是給人家的感覺卻像二手書店。」

「這樣啊，我明白你說的那種感覺。」

「你剛開店時，有參考哪一家書店嗎？」

「沒有，也沒去拜訪那些評價不錯的書店。我是那種一旦決定這麼做不錯，就不會受到其他因素影響，就算英雄所見略同，我也覺得是純屬偶然。」

「可是看到和別人一樣，不就會想改變嗎？」

「嗯，所以這也是一種影響。」

「說得也是喔！」

男客人接著又大剌剌地問店老闆，這本珍貴的書是怎麼弄到手之類的。過了一會兒，他表示自己也許還會再來拜訪後，便和同行的男性友人離去。

這家店的氣氛與我想像的有點不太一樣，原以爲氣氛應該更時尚才對，但看每一本書的陳列方式似乎有些內斂。角落有利用敞開的大行李箱，擺置一些與旅行相關的書，讓人深刻感受到整間店的主角就是「書」；大阪的「書點心」也是給人這樣的感覺。我去過札幌一家由非常年輕的店老闆經營的二手書店，那是一家毫無時尚性可言，塵埃滿布的老舊書店，走到最裡頭還會發現很多高價又專門的書。店老闆雖然穿著起毛球的毛衣，頂著睡覺壓到而翹起的頭髮，不過態度倒是十分親切，看來標榜「時尚精選系」的二手書店時代也許結束了。不是靠空間演繹與陳列的美感吸引客人上門，如何展現「書」的魅力才是一大前提，這家店就飄散著這樣的氛圍，讓人感覺到店主人對「書」的敬意。

斑馬書房的店老闆鈴木創於一九七三年出生，二十幾歲時是頻頻換工作的打工族，後來在二手書店打工，於二〇〇六年開了這家店，他現在也是於二〇〇八年開始舉辦的名古屋書展「BOOKMARK名古屋」執行委員會的主要成員之一。

「最近忽然覺得自己應該也要關心一下新書業界才行。我們二手書店裡多是十年前、二十年前的書，不是嗎？也就是說，如果一直以來的流程都不變，現在出版的書，十年、二十年後也會擺在我這裡販售。雖然這是理所當然的事，但畢竟現在出版社都做些什麼樣的書，新書書店又是如何販售這些書，這些都關係到我這家店今後的發展。結果我一看，發現讓我十年、二十年後想賣的書真的好少，果然二手書店與新書業界還是不一樣。我有拜讀今泉正光先生寫的《「今泉書架」與LIBRO時代》，的確受益匪淺，但那是和經營二手書店全然完全不同的世界。」

看來他是從自己的立場來思考新書書店遭受的衝擊吧！名古屋也有丸善等大型連鎖書店，應該可以更有作爲、更有發展才是……倒也不是說二手書店有多麼榮景昌盛，畢竟二手書業界也會有必須突破的難關。

「總有一天自己一定要做的就是打造能夠活化二手書店特性的書區。拜經營的是二手書店之賜，能夠賣些私人藏書，尤其是往生者留下的一些需要處理的藏書。這些書留著書主人一路閱讀、收集的歷史，無論是艱澀難懂的書，還是淺顯易懂的書都有一段閱讀、購書的歷史，讓我感受到必須將這些書傳承到下一個世代的使命感。如果可以的話，我很想利用書櫃重現這樣的精神，可惜現在店內沒有多餘的空間，所以總有一天我要找到適合的空間，打造這是K氏的書櫃、那是Y氏的書櫃。依呈現方式的不同，能感受到不一樣的魅力。

「這就是我想要的，一種有別於傳統二手書店的特色。扮演將書與人的歷史傳承給下一個世代的角色，就是經營二手書店最有趣的地方。」

「書點心」的坂上友紀也說過類似的話。她沒有加入二手書店公會，每一本二手書都是靠自己蒐購而來的，所以不見得每本蒐購來的書都是她想賣的商品。坂上說正因爲如此，所以她會根據蒐購來的書改變擺置方式，或是依客人需求改變店的特色。這就是二手書店有趣的地方，她想秉持這樣的精神繼續經營下去。

口齒伶俐，也很健談的鈴木暢談書店的魅力與存在的理由。鈴木笑著跟我說，他知道我明天要去拜訪千種正文館的古田一晴，因爲他和古田交情很不錯。千種正文館與斑馬書房只隔了四個地鐵站的距離，而且都是位於廣小路通。

「以前我這裡舉辦講座活動時，有個在新書書店工作的人說：『在名古屋經營書店碰到古田就沒輒了，不是嗎？』頓時哄堂大笑。古田先生在名古屋就是這麼有份量的人。因爲無論你想到什麼點子，古田先生永遠都搶在前頭，所以他是一堵很難超越的高牆。古田先生總是很眞誠地對待像我這種非業界的人，我也很依賴他就是了……也許正因爲我們是不同業界的人，反而更拉近彼此的距離。」

對於名古屋的年輕書店老闆來說，有所謂「Post・Villavan」（Village Vanguard）課題。一九八六年在名古屋開設第一家店的Village Vanguard，目前在全國各地都有分店，採取兼賣雜貨的複合式書店經營方式。這個課題和如同一堵「高牆」的古田一晴不一樣，拜Villavan之賜，名古屋成了一塊「應有盡有」的土壤，我們承繼著這塊土壤可以更自由地發展。這是鈴木和名古屋的書店業者聚會時聊的話題。

斑馬書房是我沒事先聯絡就造訪的店家，其實我來名古屋的主要目的是來拜訪古田一晴。

身處深受系統整合與物流效率化影響的新書書店現況中，千種正文館展現出來的卻是一副置身事外的異樣風情。當店門口理所當然地擺著哲學思想類書、藝術類書等新書書店時代已經式微的現在，千種正文館始終堅持硬派作風，而讓這股硬派作風持續超過二十年的人就是古田一晴。

我來到名古屋的兩個多月前，碰巧原本任職於LIBRO的今泉正光與古田一晴也到一關造訪伊藤清彥，於是我就這樣巧妙地與古田結緣。今泉正光住在長野縣；之所以能讓分別住在名古屋與長野的人連袂造訪岩手的一關，是因爲他們之間的交情，以及三位都是資深出版人的緣故。

今泉和古田、伊藤都是舊識，但古田與伊藤卻是初次見面。今泉是一九四六年出生，古田一九五二年出生，伊藤則是一九五四年出生。年紀互相差了幾歲的三人，在老大哥今泉的帶動下，有著聊不完的話題，氣氛十分融洽。他們以書店論爲題，高談闊論至深夜，而且只要主題一牽扯到書，就會出現很多我跟不上的話題。我在他們三人身上看到的是只有擁有豐功偉業的書店店員才有的自尊心，那就是只要是關於書，要是不曉得，就是一件很可恥的事，以及樂於分享書的一切。

伊藤打從心底尊敬今泉，稱他是無人能敵的怪物，倒不是因爲今泉待的是讓LIBRO在一九八〇、九〇年代業績蒸蒸日上的知名大型書店，而是因爲兩人結識之後，伊藤從今泉口中聽聞他的過往經歷。

「譬如書店最常面臨的一個課題，就是如何確保想力推之書的庫存量。像我都是透過人脈直接打電話到出版社的倉庫，因爲只有管理倉庫的人才知道確實的庫存狀況，或是從其他書店退回來的書什麼時候會入庫之類的。今泉先生時代的LIBRO，書店店員可以直接去出版社的倉庫，向倉管人員確認庫存狀況。

「而且那時的書店店員幾乎沒有休假可言，不是要和作者會面，就是爲了解自己所負責的領域而向專家請教，不然就是將銷售資料帶回家分析研究，所以工作量很大。每次聽到今泉先生聊起這些事時，我都會問：我自己能做到這種程度嗎？」

今泉經歷過的一切，就是讓伊藤尊敬他的理由。再也沒有比純粹的努力與熱情來得更棒的東西，因爲包含著最簡單的道理。

古田的看法明顯與伊藤不同，當然古田也很尊敬今泉，只是表現出來的態度有點不太一樣。

今泉正光是那種一打開話匣子就聊個沒完的人，所以有時候會變成他的個人秀。相形之下，古田一晴就顯得沉默寡言多了。兩人湊在一起時，開口說話的比率是二十比一左右，然而古田是那種不鳴則已，一鳴驚人的人，當今泉聊起自己在LIBRO時代經常透過書區的布置與客人交流的事時，只見古田淡淡地回應一句。

我現在也是這麼做。

一九八〇年代，淺田彰的《構造與力》（勁草書房，一九八三年出版）一書席捲書市。對我來說，那個與「後現代」（postmodern）等字眼相關的人文書非常暢銷的時代，彷彿是個傳說。爲什麼呢？因爲現在已經找不到承繼這股風潮的書店了。不曉得是因爲沒有承繼的必要，還是其中有著什麼重大的缺失，總之我將那時的現象解釋成一股風潮。伊藤尊敬的是今泉那身爲書店店員的堅持與努力，而這個再普通不過的課題，到現在還是適用。

其實人文書沒有特定領域的限制，但現在很多新書書店在書區的布置上，都不會想到要去呈現一本新書之所以誕生的歷史經緯。面對一本本書誕生又消失的過程，多是抱著應付了事的漠然態度。當然也有書店店員會以重點書的方式凸顯自己想力推的書，以此反抗現況，但做法還是和過往那種完整呈現一本書形成的由來相去甚遠。所有的書都是受到過往出版的書的啓發所寫成的，這是「書」的基本條件，然而現今的書店賣場卻忽視此一基本條件。這也是我之所以對二手書店越來越感興趣的理由。

古田一晴說他現在也是這麼做，保有一本「書」的由來，連結一本書形成的過去與現在；這就是古田希望讓客人，尤其是年輕世代能在千種正文館感受到的東西。

那是什麼樣的感覺呢？這就是我出發前往名古屋的動機。我打電話給他，古田說他碰巧出差所以不在店內，於是我們約好隔天碰面。古田不在店裡的日子，我就以客人的身分逛逛千種正文館吧！

千種正文館並非專賣人文書的書店，店內也有一小塊擺置星座之類的書區，但還是以人文、藝術、文藝小說等文學類書爲主。

因爲我希望讓客人知道一本書形成的由來，會故意摻雜一些出版年代比較久遠的書，所以還有客人以爲自己走進二手書店呢！

在一關時，古田這麼說過。的確到處都看得到那種書腰和封面都已經有點泛黃的書。就在我好奇店內的重點書區是如何打造時，才發現這家店沒有所謂的重點書區。古田說，他會將每一種領域的重點書，以與過往智慧結合的方式來呈現。譬如客人從成爲這領域新台柱的重點書，可以了解現在有哪些是值得一看的相關書籍。雖然我邊逛邊瀏覽，還是沒什麼自信能清楚理解古田的用心，但看得出來每一種領域的重點書區，都沒有那種爲了炒短線而出版的新書。換句話說，其他書店一定會擺的重點新書，在這裡幾乎看不到。

我環視四周，每位客人都神情認眞地瀏覽書櫃上的書，的確是一家與眾不同的書店。

翌日，我又造訪斑馬書房，之所以連著兩天去同一家書店，是因爲這家二手書店會改變擺置方式。雖然基本上二手書店的書都是以本爲單位，所以賣掉後空出來的位置，就會補上別的書，因此相鄰的書與書櫃整體給人的感覺，自然和昨天不一樣。

這讓我想起福島的南相馬圖書館，還有昨天離開千種正文館之後，去逛了位於百貨公司裡的新書書店。我在南相馬市立中央圖書館看到的是所謂的力度（dynamism，也稱爲物力論、力本說），亦即圖書館如何活用一本書被借走後，到下一次歸還時，所空出來的空間。

相較於圖書館與二手書店，任由空間空出來的做法，怎麼想都對新書書店不利。新書書店架上的書大多反應經銷商與出版社的企圖與要求，因此經銷商、出版社那邊沒庫存就沒得擺。相反地，經銷商與出版社力推的書往往占滿一整個平台，這一點與會因應客人需求而改變書籍擺置的二手書店與圖書館明顯不同，因此新書書店只要稍微不留神，便很容易流失客源。

就像我佩服定有堂書店雖然是新書書店，卻經常配合客人的需求變換陳列方式。或許自己在感佩之餘，竟不自覺地認爲這麼做才是理所當然，由此可見我還沒辦法清楚領略一家有特色的書店爲了守護自己的主體性，是如何嚴格地約束自己。

離開斑馬書房後，我又逛了其他幾家書店，直到傍晚才回到正文館。面對沒有約定好時間便登門造訪的我，古田一晴親切地邀我去咖啡店坐坐。經營「書店」的人似乎隨時隨地都很好客，雖說從事生意的人理應如此，但這時的我卻覺得很感動。

「我想知道如何利用打造書區聯繫現在與從前？」我問。

「首先啊，就是不要管這本書是不是會馬上過氣，該怎麼做就怎麼做啦！

「譬如今天出了一本明星寫的書，我會將這本書的相關資料交給工作人員，然後交代他好好推一下喔！當然這些動作沒什麼聯繫可言，但也不是抱著開玩笑的心態。《超譯尼采》？喔，那本書啊！那本書絕對不能擺在人文書那邊賣啦！雖然其他家書店都是這麼做，但這種書是那種一打開入口，就看到出口的書，根本毫無聯繫可言啦！所以只能當作單品來處理，賣一賣就對了。這樣對大家都有好處。」

那麼，什麼是夠資格成爲入口的書呢？古田舉了《東京大學的Albert Ayler東大爵士講義錄》（菊地成孔、大谷熊生著，文春文庫。分爲《歷史篇》與《關鍵字篇》）這本書爲例。

「雖然大谷創作這本書的靈感是來自村尾（陸男）的《爵士詩大全》，但他眞的很努力呢！除了他本身底子深厚又用功之外，他知道如何表現才能誘導年輕孩子進入爵士的世界，讓從沒接觸過爵士的孩子也能輕鬆入門。如此一來，總會有孩子因爲這本書深受啓發，想再多研究一些關於爵士方面的事，所以當然要介紹一些相關書籍給有興趣的孩子囉！光就這一點來說，這本書就具有值得書店一推的價値。

「雖說每個時代都會有那種抱怨最近沒什麼好書的傢伙，但這麼說實在不太公道。其實有很多像大谷這樣的人，而且現在比以前更多。譬如九〇年代前半段，感覺整體社會經濟狀況還算平穩，就是那種有點助跑的感覺吧！那時期剛推出的QJ（《Quick Japan》太田出版）眞的好有趣，也許這種書在什麼都有的時代比較不容易冒出頭，正因爲現在是個什麼都沒有的時代，反而容易冒出各種有趣的東西。

「因爲我只做有趣的東西。

「我和大谷很早以前就認識，我覺得他是個很特別的人。哪裡特別啊？就是他會全心投入一件事，而且求知慾非常旺盛。和這樣的人在一起，不但能夠增長見識，還能看清楚很多事情的關聯性，就像只要上網查詢就什麼都找得到的感覺。你會認眞地學習，不會沒搞清楚就隨便敷衍了事。

「書店要是能和這樣的傢伙一起成長，就能吸引更多同樣求知慾旺盛的客人上門。就像其他書店根本賣不動的書，在我們店裡卻賣得跟暢銷書一樣好。雖說我只賣有趣的東西，但可不想打造那種只擺自己想賣的書，結果根本賣不動的書區。」

聽到古田這番話，彷彿書店毫無危機存在似的。雖然他自信滿滿地說他賣的東西和別家書店不一樣，但基本上千種正文館還是活在當前新書物流體系的框架內，這一點與其他書店並無不同。我很好奇，難道千種正文館沒有被海浪吞噬的時候嗎？

「我對一本書會不會大賣的預感好像挺準的。」古田笑著說：「桑德爾的正義嗎？早在這本書還沒大賣之前，我就有預感這本書一定會賣啦！經銷商要的就是這種情報啦！就像我常說的啊！像這種書多少還是要跟一下啦！和剛才說的那本（譯注：指《超譯尼采》）一樣，也是趕風潮賣一賣就對了啦！其實這次電視重播這本書的報導時，這本就沒怎麼動啦！

「除了提供經銷商這類情報之外，也會提議可以怎麼做，反正就是搶個先機，賣一賣就對了。畢竟開店還是要求生存啊！所以誰勝誰負還不曉得。

「我先回去收拾剩下的工作，等一下再過來我店裡瞧瞧吧！」

古田先行離開，我則反芻他剛才的那番話。若他說的是眞的，那還眞是沒什麼參考價值。當然他一定也累積了長年的閱讀、知識與工作經驗，但他身上一定有著某種天賦的才能。

我依約再次造訪他的店，逛了一下以《東京大學的Albert Ayler東大爵士講義錄》爲主的音樂．藝術類書區。古田拿著一疊代表今天銷量的傳票走過來，然後當著我的面分類給我看，有再訂購的書，也有銷售一空的書，還有他所說的有趣的書吧？「這個是回頭書，這個是一直堆在那裡的書，這是早上已經賣了好幾本，今天賣了兩本，啊啊！這一本也有啊……」他手裡拿著的，的確實是一疊夾雜著定價好幾千日圓的傳票，以及定價約莫一千日圓上下的傳票，也有一萬日圓以上的高價書傳票。雖然這在大型連鎖書店是很平常的事，但千種正文館畢竟是一家只有百坪大小的書店。

我往身後一瞧，人文類出版社在這段期間聯合在全國書店開跑的小型書展活動，竟然被擺置在非常不起眼的地方。「這東西不行啦！還是趕快結束比較好。」古田嘴裡嘟囔著：「我對這些書可是熟得很，所以一看就知道裡頭有那種前陣子早已出過，竟然連書衣也不換一下就拿出來魚目混珠的書，所以我這裡純粹只是意思意思，稍微配合一下罷了。」

就在我準備離去時，瞄到昨天晚上碰到的某家連鎖書店店長也在店裡，看來他也想從古田這裡偷學點什麼吧！於是我們三人一起去古田常去的一家店用餐。

因爲多了這位店長的緣故，所以我開啓了書店店長這個中間管理職十分難爲的話題，身爲連鎖書店店長的他當然能夠感同身受，就連有點自視甚高的古田一晴也附和。

「其實我倒是有個很開心的經驗。」古田說。

古田於一九九六年，爲了紀念《書之雜誌》創刊二十週年，舉辦了一場邀請椎名誠、目黑考二、澤野仁、木村晉介等四位知名作家的豪華簽名會。當時大家對於這場簽名會竟然不是由大型書店，而是由從創刊第二號便極力推薦《書之雜誌》的千種正文館舉辦一事感到十分驚訝，千種正文館霎時成了注目的焦點，當天參與簽名活動的粉絲，足足繞了好幾圈。

但活動開始前，古田卻被當時的社長，也就是千種正文館的創始人谷口暢宏破口大罵了一頓。

「社長之所以那麼生氣，是因爲這個活動是我擅自決定的，雖然時間上有一點緊迫，但的確是我決定好所有事情之後才向他報告，所以他才會那麼生氣。要說他爲什麼生氣啊！就是我搞的這個活動是一窩蜂地跟流行囉！當時的椎名誠的確是人氣作家，不過就是因爲我預感這活動一定會很成功，所以才擅自決定一切。結果社長衝著我大罵：『你覺得我會認同你這麼搞嗎？』我也不干示弱地回說一切已成定局，眼前只能盡全力做好這活動。

「不過我眞的很開心，畢竟社長是那種只認同硬梆梆文學的人，譬如塚本邦雄之類的作家。不過啊，我能夠在堅持不跟風的社長底下做事，眞的很幸運啦！後來我們並沒有大吵。其實社長並非全然不認同我這麼做，事實上，《書的雜誌》那邊的人來店裡開會時，社長也是有稍微親自出馬洽商廣告的事，還有當天活動如何安排等事宜。

「現在因爲世代交替的關係，不太可能再出現這種情形。基本上，我會放手交給下面的人處理，他們也會詳細地向我回報、商量，即便只是一個小小的書展，還是要讓他們了解相互溝通的重要，我也常和他們聊些關於這家店今後將如何發展的事。譬如今天出版的某本藝人書，明明是那種無關緊要的貨色，還是要想辦法推一下，否則書店就維持不下去了。就是要有這樣的共識。」

古田對於目前有哪些十分活躍的作家、評論家、歌手、腳本家等都十分清楚。要是有他覺得不錯的年輕人，也會利用自己的人脈關係，向名古屋當地的音樂相關人士、影視媒體相關人士等推薦一下，協助年輕人有更多表現的機會。正因爲他有著尋找璞石，不吝提攜後輩的心，所以不少人都來找他幫忙，因此千種正文館在名古屋文化圈裡占有一席之地。他說就算日後他們成名了，忘了自己曾經傾力相助一事也沒關係，因爲他覺得在這新人輩出的時代，助他們一臂之力是自己的責任。

「看來書的世界比我們想像中還要多元化呢！」

「做些別家不做的書展活動也沒關係，盡量蒐集情報，貼近客人的需求，這麼一來，有專業素養的人一定會來光顧，有所反應也才能帶動下一次的活絡。總之，我會繼續對「BOOKMARK名古屋」的孩子們持續發聲，這就是我想說的。

「做別人不做的事才可貴。只要一想到每天辛勤播下的種子不知不覺長大了，還會對你發表意見，就會繃緊神經，鞭策自己。」

「能喝的時候不要吃。」古田這麼說。他說事實上自己只動了一次筷子。所以他時常尋找、提拔能維繫一本書形成由來的新星，這也是千種正文館經常上演的事。

翌日在千種正文館，古田推薦我兩本書，一本是歌集《頸項的碎片》（野口彩子著，短歌研究社），另一本是詩集《裝箱》（三角實紀著，思潮社）。

比起賣會賣的書，我更想賣自己想推一把的書，這就是我的想法，其他的就隨便了。人家常說千種正文館是縫隙產業（譯注：就是在夾縫中求生存的產業），我不否認，不過只要是關於書的事，可就一點也不縫隙喔！

不要只跟同業打交道，要想辦法和其他業界的傢伙合作，路才能走得更寬廣。至於工作上的甘苦談，我就不多說了。越是勞苦越有其意義，正所謂吃得苦中苦，方爲人上人嘛！

這幾句發人深省的話，深烙在我心中。說話有其獨特口吻的古田，明明是土生土長的名古屋人，和我說話時卻沒半點名古屋腔。古田說他會配合對方改變口音，和大阪人說話時，就會操大阪腔，畢竟自己從事的是服務業。

斑馬書房的鈴木創曾在某家準備關店的二手書店幫忙，後來買下那家店的庫存書，開了現在這家店。古田與那家已經收掉的二手書店素有往來，某天鈴木來向他報告自己要開店的事，兩人就這樣結緣。

雖然按照規定，古田已經到了準備退休的年紀，但因爲公司特地延長他的聘僱年限，所以他才能繼續擔任店長。這件事我還是初次聽聞，心想這個人總有一天也會離開書店現場吧！

離開千種正文館的我，隨即前往步行約十分鐘可達的童話屋（MERUHEN HOUSE）。我獨自走進這家創立於一九七三年的日本第一家童書專門店，店內滿是帶著小孩的主婦，十分熱鬧。一時想不起書名的我茫然地盯著書櫃時，有位女店員走過來，親切地問我在找什麼樣的書？我稍微描述一下內容，只見她抽出一本書，的確正是我在找的那一本。

離開童話屋，我開車前往郊區。沿途看到書店招牌便停下來，經由高速公路往豐橋方向移動，之後再走一般國道返回名古屋，途中也有那種因爲時間不夠，只好放棄進去逛逛的書店。與從鳥取前往大阪時一樣，有很多想順道進去瞧瞧，卻礙於時間不夠只好作罷的書店。國道沿途都是全國性的連鎖書店，或是當地連鎖書店的招牌，不時會出現讓我感興趣的書店。晚上經過豐川市內的商店街時，明明周遭的店都已經關了，只有一家小書店的燈還亮著。我走近一瞧，老闆正滿面笑容地和一名男客人聊車子的事。我瞧見一套書名字體和裝幀均十分特別的「春夏秋冬叢書」擺置在十分顯眼的地方，忍不住說了句：「好酷的書啊！」只見老闆隨即回應：「很不錯吧？這是本地出版社發行的書，想說給它支持一下囉！」

後來我又走進一家總公司在愛知縣，東京也開了大型分店的連鎖書店。超過三百坪的賣場空間，只有寥寥幾位客人而已。看起來像是工讀生的兩名年輕男子站在收銀台那邊談笑著，其中一個可能是站累了還蹲下來。我想起自己學生時代也是這樣。

我看向書櫃時，有位看起來很像是店長的男子手拿一疊傳票，神情嚴肅地凝視著架上的書。他的表情引起我的好奇，於是我站在稍微遠一點的地方偷偷觀察。過了一會兒，他抽出掛在胸前口袋的原子筆，又摸一下褲袋，好像沒找著便條紙之類的東西，只好寫在傳票上。即使整間店沒什麼看頭，但像這樣認眞地做著什麼的書店店員還眞不少。比起書店，他對「書」來說才是不可或缺的存在。

我再次回到名古屋，前往鶴舞的二手書店街，後來又去了一下千種正文館和古田碰面。我向他說明自己去了哪些地方，只見他略帶訕笑地說：「沒什麼可看的，對吧？」當我向他道出自己看到幾家還滿有趣的書店與人物時，他倒是近乎驚訝地反問：「喔？在哪裡啊？」他果然是那種隨時都綳緊神經，鞭策自我的人。

在離開名古屋之前，各有一家我想去的新書書店和二手書店。本來還很猶豫要不要去那家新書書店，後來還是決定去看看。

這家新書書店的店長是一位書店店員介紹的，我們並沒見過面。店長看起來是位很有熱忱的年輕人，但不是那種讓人期待的類型。這家店位於從容開車約二十分鐘可達的地方；四周多是一般住宅的馬路上，就這麼突然出現一家書店。

我停妥車，走進七十坪大的店。雖然不清楚確實坪數究竟多少，但店名似乎是從這裡發想的樣子。

剛進去時，覺得沒什麼特色，就是那種書種還算齊全的一般書店，我稍稍鬆了口氣，因爲實在沒多少時間可以逛了。加上還要去另一家二手書書店，所以時間非常緊迫。

但越往裡面走，越讓我印象改觀。稱不上寬敞的賣場，一看就知道擺置的都是經過精心挑選的書。文庫書區不是按照出版社的系列別排放，而是按照作者和主題排放。我又試著走回位於入口附近的文藝類書區，發現每位作家都平均擺置兩本到三本作品，架上連沒有出過暢銷書的小說作家數年前的作品，也和當紅作家的作品並排著。雖然這家書店並未刻意凸顯自己和別家書店的不同，但幾乎沒有平台的店內，卻能讓人清楚看到架上排放的每一本書的書背。

我放棄去另一家二手書店，決定就在這家書店買書，爲我的名古屋之旅劃下句點。

我依序瀏覽著書背，看到感興趣的書就抽出來瞧瞧。後來不知不覺地，我的眼角餘光追著一名男子的一舉一動，因爲店裡只有他一位工作人員，我猜他大概是店長。只見他將紙箱擺在角落，從箱子裡拿出書，然後用非常俐落的動作將書分別上架，而且絲毫不會因爲埋頭做著上架的工作，而忽略到招呼客人一事。只要一聽到客人往收銀台那邊走的腳步聲，就會趕緊走過去。他臉上既沒掛著親切的笑容，也沒聽到什麼招呼聲，只是俐落地包著書封紙，接過紙鈔、找零。我想他肯定很習慣一個人應付店裡的所有狀況，也許這就是證明他可以獨自看店的證據。

我拿了幾本書走向收銀台，他果然迅速接過，俐落地掃描條碼，然後問我要包書封紙嗎？我指著其中一本說：「只要包這一本就行了。」這時我身後有客人排隊。可能是因爲看到有別的客人在等待的關係，結果他第一次沒包好，又重弄一次；當然這只是一瞬間的事，沒什麼大不了的。

「謝謝光臨！」從向我道謝的他手上接過書準備離開的我，又有點依戀不捨地走到入口附近的新書．話題書區逗留了一會兒才離去。

我邊開著車，邊想著他是否曾去千種正文館偷瞧過呢？想像著搞不好去過好幾次的他，專注地凝視架上的書的模樣。

# 終章／她想傳遞的究竟是什麼？

原田眞弓的日暮文庫已經開業一年了。

每次去她那裡都會聽聞一下近況，和她聊聊我遇到的書店老闆們的事。我發現我們之間沒有交集的對話明顯增多，也比較少聽到她充滿自信地說著自己的想法。我不曉得什麼是對於開業不久的小書店有所助益的情報，因爲沒開過書店的我，沒辦法成爲原田眞弓的諮商師，我能做的，也只是站在顧客的立場發表意見。

她曾提議我們聊聊如何打造書區一事。

她在開店前就架設好的部落格，主要是介紹新進貨的書籍與雜貨，有時也會介紹作者，很用心地傳遞每一則訊息，但又有多少客人會爲了買這一本書而出門呢？不如以想介紹的新書旁邊會擺置什麼爲題，藉以吸引客人的注意。造訪各地書店的我，發現逛書店的人並不會留意架上書籍的陳列方式，但還是有書店會賦予其意義。對今後的書店而言，透過書籍的陳列與客人交流，不是很重要的一條命脈嗎？來趟日暮文庫，就會發現書籍的陳列非常用心，或許就是這家書店的一大特色。

原田眞弓曾說：「我希望我的店成爲入口，成爲能啓發爲了看更多種類的書，而去池袋的淳久堂和LIBRO的一塊敲門磚。」既然如此，書架的陳列方式不就扮演著重要的角色嗎？客人在日暮文庫感受到用心與樂趣，今後去其他書店，也許就會注意到書籍的陳列方式。

不久她便以書籍的陳列方式爲題，在部落格上發表了四篇評論，但內容與我期待的稍有落差。其實我是希望她多寫一些能促使看過文章的人光顧一下日暮文庫的內容，但她基本上是寫些關於她任職PARCO BOOK CENTER與RIPRO時，如何打造書區的事。也許有些人看了會覺得有趣，但感覺她是寫給那些待在老巢的菜鳥書店店員看的。

某天下過雨的傍晚，我去店裡找原田聊聊那四篇文章時，有位女客人走進店來。看起來約莫十幾歲的青澀長相，一身套裝打扮，也許是剛踏入職場的菜鳥。原田和我繼續聊著，她則是看著書架上的書。

我突然湧起一個念頭。關於原田在部落上寫道：「人看東西時，視線是由左往右」、「所以要在視線會停留的地方，擺上重點書」，於是我站在書櫃前開始發問。

「好比這一層，要怎麼判斷呢？」我問。

原田湊近指著一排書的我的身旁，舉起手指。

「這個是從這裡看，這本就是重點書。」

「因為這本書的開本稍微大了點，比較突出，也比較容易被看到是吧？」

「嗯，沒錯。」

「那這一層呢？」我邊問，邊思索向那女的搭訕的時機。待蹲著看書櫃最下方的她抬頭的瞬間，我出聲問她：「妳知道嗎？」

「咦？」

「書店的陳列方式會根據顧客的視線來擺置書。」

「是嗎？」

我知道她有些疑惑。

「不好意思，這不是什麼很重要的事啦！」原田不好意思地笑著道歉。

「啊！不過這麼一說，好像真的是呢！就像這一層……」

「因為這本叫做《中央線DROPS》的漫畫現在很受矚目，所以我把它放在會連帶看一下周邊有哪些書的位置。不好意思，還請隨意逛逛，有要找什麼書嗎？」

「我是前陣子看雜誌介紹，想說過來看看。」

「謝謝，我這家店就是這麼小，真不好意思。」

「別這麼說……我很喜歡《蜂蜜與幸運草》，啊，也有這本書啊！」

「那部作品真的很好看，我也很喜歡。」

「那……我還會再來的。」

「當然歡迎！隨時歡迎妳來！」

當女客人推開門，輕輕點頭道謝後，撐開粉紅色雨傘離去的瞬間，我向原田道歉。

我只是很好奇她聽到我們的解說後，會有什麼反應。眞是的，搞不好她會趁我們聊得起勁時，挑個幾本書買回家……因爲老是來找她聊天，想說偶爾也該貢獻一下心力，結果還是做了多餘的事。我想那位女客人肯定想說怎麼遇到一個怪人啊！還是趕緊離開爲妙。

雖然很多客人都只是進來看看而已，原田卻覺得她一定還會再來光顧。

「有那種可以出聲招呼的客人，也有那種不適合出聲招呼的客人，她明顯屬於後者。我大概知道她對哪些書感興趣。像她那樣只看漫畫書區的客人，還是別出聲打擾比較好。」

「原來有這樣的區別法啊？」我有些訝異。

「我們基本上都是呼應客人的需求，也會依據客人的反應改變陳列的方式，要是客人很健談就會順口聊聊，要是客人不想被打擾，就不用主動上前招呼。所以不能要求客人看看我們打造出來的感覺，我覺得這麼做並不恰當。」

沒錯，之前好幾位店員也說過同樣的話。

恨不得找個地洞鑽進去，心想恐怕好一陣子都沒臉來找她的我，隔天收到一封原田寄來的電子郵件。

對我來說，最重要的就是客人，今後也請輕鬆地來找我喔！

總覺得除了體貼的心意之外，還有一種平靜的拒絕。但就像她說的，我終究只是一個造訪日暮文庫的客人。

至此，我才意識到自己與書店之間的距離。

有些話讓我始終忘不了。將近十年前，我和《我是書店歐吉桑》的作者早川義夫碰過面，是在一場為了紀念相隔二十年才推出的新作《靈魂的所在》（晶文社）所做的新書訪談。早川憶起好幾年前，當他還是早川書店老闆時代的點點滴滴。離開書店業界又重回歌壇的早川義夫所說的每一句話，是那麼意義深遠又美麗。他在這場讓我印象深刻的訪談最後，說了這麼一番話。

沒開過書店的人，絕對無法了解開書店是怎麼一回事。你也是喔！我想你一定聽了很多，也理解不少，但你還是不懂。

從那天之後，每次採訪完，腦海裡總是浮現他的這番話。

其實不只書店，沒經驗過的事是不會了解的。然而，原本是書店老闆的這番話：「就算你能理解，也還是不懂。」深烙在我心中。也許這些話人家常對我說，只是我沒意識到而已，或是連理解都無法理解，非要等到別人點醒才明白的情形也不少。總之，我已經有些自覺。

但對於日暮文庫，我的心境還是有點不太一樣。

難以割捨的熱情而開始的小書店。

要是能在全國各地展店一千家，就能改變世間。

這是原田眞弓一年前宣示的理想。

像她那樣熱愛書店工作，累積一定職場經驗的人，在到達某個年紀時，因爲失望而離開「書」的世界。基本上，因爲公司關係被迫離開的例子屢見不鮮，其中也不乏像日暮那樣，選擇以另一種方式繼續努力下去的例子。這股熱情彌足珍貴，所以我很希望原田文庫的營運能步上軌道。那麼，究竟必須具備什麼？還缺少什麼呢？我總是邊這麼想，邊面對她。

開業一年半後，我再次採訪原田眞弓，起因是因爲收到她的一封電子郵件。

我找到一絲曙光了。

但我現在還不曉得該如何傳達，所以還在摸索中。

那就是改變評論書的方法。

雖然無法理解她的意思，但感覺得出來她似乎抓住了什麼。

「我一直在想今後書店該有的基本態度，果然要是沒辦法確立的話，一定會走到盡頭。

「所謂書的評論方法，就是書店該如何對待一本『書』。啊！不對，不是指二手書店替書標價一事，而是必須好好決定如何呈現作爲商品的『書』。

「書店從業人員最常說的一句話就是：『這本書很有趣喔！』然後討論書的內容，網路上也都是這麼討論，不然就是看雜誌推薦哪一本書。再這樣下去的話，書店賣書的理由只會越來越薄弱。

「『門面』很重要，要是沒有意識到這部分也是呈現一本書的重要環節，不是很可惜嗎？將紙成束裝訂，配上美美的文字和封面設計，整本書的觸感和份量等，就是要將這些製作書的過程當作商品來介紹。雖然文章的精采度很重要，但身爲書店的我們，還是要將製作書的過程作爲一件綜合藝術品來介紹。

「我想今後只求內容好的人一定會越來越多。搞不好讀者覺得只要有電子書就行了，好不好只有自己能評斷。好比上集還差幾頁就讀完，煩惱著是不是要把下集塞進包包裡帶出門，結果雖然帶著下集出門，但還是沒時間閱讀。像這種時候，就會覺得iPad實在方便多了。就算不是iPad，今後這類產品也一定會越來越進化。

「但紙製品還是絕對有其存在的必要，尤其對於平常就有大量閱讀習慣的人來說，有觸感與份量感的紙本書，還是比較能呈現出作品想要給人的感覺，所以書店必須再次將書存在的價值傳達出去才行。

「雖然紙本書不會消失，但紙本書也不可能像現在這樣一直理所當然地存在下去，我想身爲書店從業人員的我們，最能感受到這股危機，而且關於這一點，我也不敢冀望出版社能力挽什麼狂瀾。反正對作者和出版社來說，不外乎就是發表寫出來的東西，然後用這東西換鈔票。一旦電子書當道，再自然切換模式就行了。

「要是紙本書消失，那書店存在的意義便蕩然無存。所以書店從業人員一定要意識到不能再只說明一本書的內容，一定要靠自己的力量逼作者和出版社意識到這股危機，共同面對問題。雖說是綜合藝術品，但不是什麼很高深的東西，只是視爲一件日常用品來討論它的美感。也就是從這點出發，傳達一本書做爲商品究竟有何意義。

「關關難過，關關過，一直以來都是如此。要是沒有好好傳達紙本書必須存在的理由，我想今後書店存在的價值就會越來越薄弱，甚至成了可有可無的存在。

「所以我希望能夠好好談談一本書的『門面』。

「雖說如此，要是傳達錯誤也是很糟糕的事。不能只是說這本書的裝幀很漂亮之類，要是用這類老套的說詞，充其量就是走回頭路。但也不是說不能聚焦於新書或文庫的整體設計與造型，只是覺得不應該過於強調漂亮、華麗的設計而模糊了焦點，因爲即便是簡單的設計，也能表現出一本書的概念，包括『門面』的部分都能傳達這本書的優點與意義。明白我的意思嗎？」

「『門面』是什麼意思？」我忍不住問。

「嗯……說白一點，就是『表皮』的意思。」原田說。

「咦？表皮？」

「嗯，想不出其他更好的字眼可以表現，應該說這字眼比較適合當前的狀況。」

「關於這觀點，我覺得原田小姐還沒建立好一套邏輯吧！」我說。

「是喔？」

「不過我明白一件事，那就是原田小姐對待每一本書、每一件雜貨、還有在部落格上的介紹文等，就是在做你說的這件事，而且打算一直做下去。」

「是的，我從一開始就一直在思考這件事。應該說希望能將這件事弄得更淺顯易懂，更普及化吧！要是有誰能認同我的想法，我會很高興，可惜還沒找到。所以我才想要是自己能展店一千家的話，也許就能改變什麼吧！」

「一千家店」，好久沒從原田眞弓的口中聽到這句話。驅使她創業的動力究竟爲何？

我的內心再次浮現這個問題。

我實在不太喜歡將她說的「展店千家」這句話，解釋成這一千家店是用來對照現有體制，甚至改變世間。原田眞弓對於書店現況十分煩憂，開設日暮文庫是爲了證明書店即便脫離現有體制也能生存。不可否認的，她確實是這麼想。在她身上可以清楚感受到對抗權威、權力的反抗精神，恐怕也因這個緣故，讓她吃足悶虧。但對書店店員來說，這股反抗精神，在選書與促銷方面是有助益的。

然而在她內心深處始終在思考，該怎麼做才能以賣方立場將自己感興趣的「書」，用最好的方式交到客人手上？她思考的就只有這件事。或許她之所以離開LIBRO，開設日暮文庫的理由，就是她在追求這件事的過程中，找到一個落腳處。因爲她本來就只是一位對書店工作很有熱忱的書店店員。

「要是這種精神也能傳承到下個時代就好了。」我說。

「就是啊！很想與現在的人，還有下個時代的人分享呢！

「無論傳承這種精神的人從事哪個行業、是知名企業還是小店都沒有關係。我想只要結合一千個力量，就能想辦法做些什麼。我不是希望我的做法能成爲啓發書店店員獨立開店的靈感，也不是想成爲什麼成功創業的典範，我對這些事一點興趣也沒有。」

「妳在部落格介紹書時，像是非小說類的書，還會強調頁數很厚之類，感覺比較不像一般書評的寫作風格。妳是刻意要求自己這麼做的吧？」我問。

「我本來就比較喜歡談論『門面』的部分，以往雖然有寫書評的機會，但總覺得自己的寫作風格不夠有特色，所以沒什麼自信。當然要我寫書評也是可以啦！也有很多專門寫書評的專家。只是我常在想，站在書店的立場到底能做些什麼。問題就出在沒有傳承身爲書店的基本態度與精神，大概是方法錯誤吧！」

雖然她的這番話可以用來作爲書店必須存在的理由，但顯然還不夠具有說服力。況且也還不足以說明「門面」這字眼，與「這本書的裝幀很棒」這句話在表現程度上有何差異，畢竟尚未看到書店或書店的書架上如何具體呈現「門面」的意義。

其實我也想繼續思考她所探索的問題。她說書店身負著紙本書存亡的重責大任，也就是出於一種守護書店的主體意識。我造訪過的「書店」皆是如此，他們不單只是將作者創作、出版社製作，再透過經銷商送來的書擺置、上架而已，還希望能貼近客人的需求，用自己的方式面對「書」，用自己的方式將「書」交到客人手上，而非依循現有體制與經銷商訂立的規範。

原田在不斷嘗試錯誤的情況下，撐過了第二年。也許她步上的是定有堂書店的奈良敏行所走過的三十年書店工作者生涯中的第二年，也可能是其他我造訪過的眾多「書店」的第二年。她的存在就是每天都得奮鬥的一人書店會不斷出現的證明。她那在全國各地展店一千家的理想，也許早已萌芽也說不定。

# 後記

這本書是我個人對於「書店」的一些見聞錄。

開頭提到的原田眞弓小姐所開設的日暮文庫是於二〇一〇年一月創立的，在那之前直到二〇〇九年底，我是在專門報導出版業界動態的報紙《新文化》擔任編輯。在《新文化》任職的經驗與人脈關係，成了我書寫此一題材的素材。

書店今後該何去何從？這是我非常關心的一個問題。明明要是沒有書，就開不成書店，但比起「書」的未來，我更在意「書店」的存在。這裡所說的「書店」不單是指以零售業形態經營的書店業界，而是泛指將「書」交到客人手上的人、彷彿爲此而生的人，也就是本書登場的人物們。

爲何我會這麼關心他們呢？我也說不上來，但似乎從很久以前就是如此。

在進《新文化》之前，我曾任職一家叫做悠飛社的小出版社，負責書店方面的業務。

「你知道爲什麼要在這本書的旁邊擺這本書嗎？」

「不曉得……」

「這個嘛……」

對那時還是職場菜鳥的我來說，覺得這些書店從業人員的工作好酷喔！雖然都是一些囉嗦又麻煩的傢伙。後來我之所以比較了解書店狀況，是因為這些人從客戶變成我的採訪對象，當然並非所有書店老闆、書店店員都是很酷的傢伙。總之，透過他們，我了解「書」世界的美與醜。

離開《新文化》，成為自由撰稿人的我，之所以再次興起巡禮書店的念頭，是因為我想用更寬廣的角度捕捉關於「書」、「出版」與「書店」的現況。希望藉由一直以來累積的經驗，在不具特定立場，也沒有與任何媒體簽約出書的情況下，一個人走訪各處、記錄所見所聞，用心體會自己感受到的東西。也許我造訪的地方有限，也可能摒除探討書店論時一定要觸及的議題，抑或許赤裸裸地曝露我見識狹隘的一面。但正因為改變立場、改變看法，才讓我更確信今後「書店」會持續存在，而且「書店」會成為將「書」傳承到下一個時代的力量，成為更重要的存在。

本書登場的書店老闆、書店店員介紹我認識了許多本「書」（請務必參考一下「主要參考文獻」）。其中有兩句話讓我印象特別深刻，一句是第五章引用的宮澤賢治的詩作「一同化為閃耀宇宙的微塵，布滿無垠的天空」，另一句是定有堂書店發行的《想傳達的事》一書中的話：「那就留待後進吧！」我在序章提出的問題：「驅使她的這股動力為何？」或許答案就出現在《想傳達的事》一書中，「後進」這個字眼吧！哪怕只是微不足道的力量，都想扮演好後進的角色，這不就是所有與「書」相關的人，心中的祈願嗎？

我並不打算以本書作為結論，畢竟這本書能傳達的只是一小部分「書店」的人與事，還是有很多用自己的方式將書交到客人手中的書店從業人員，期待他們所開拓的「書店」未來，期待他們能成爲延續這本書的故事主角。

非常感謝包括「他」和「某位店長」，本書登場的所有人士。其他還有非常多想致謝的人們，只是無法一一列名，但我一定要在此列名感謝的一位，就是負責這本書的編輯、新潮社出版部非小說類編輯部的秋山洋也先生。要是沒有他，這本「書」便無法催生——雖然這麼說很老套，但因爲書寫這本書，才深刻體會到這件事。

二〇一一年秋天

作者

# 【主要參考文獻】

【第一章】
《SAISON文化做了什麼樣的夢》（永江朗，朝日新聞出版，二〇一〇年）
《SAISON的挫折與重生》（由井常彥、伊藤修、田付茉莉子合著，山愛書院，二〇一〇年）
《書店風雲錄》（田口久美子，書之雜誌社，二〇〇三年。文庫版由筑摩書房於二〇〇七年出版）
《請教出版人⑴「今泉書架」與LIBRO時代》（今泉正光，論創社，二〇一〇年）
《請教出版人⑷LIBRO的書店時代》（中村文孝，論創社，二〇一一年）
《書架的思想——媒體革命時代的出版文化》（小川道明，影書房，一九九〇年）
《好店昌盛》（柴田信，日本editor school，一九九一年）

【第二章】
《書店人的工作——SA時代的銷售策略》（福嶋聰，三一書房，一九九一年）
《書店人的心》（福嶋聰，三一書房，一九九七年）
《作爲劇場的書店》（福嶋聰，新評論，二〇〇二年）

《希望的書店論》（福嶋聰，人文書院，二〇〇七年）
《電子書的衝擊》（佐佐木俊尚，Discover21，二〇一〇年）
《Google問題的核心——搜尋引擎的優與弊》（牧野二郎，岩波書店，二〇一〇年）
《誰殺了「書」？》（佐野眞一，President社，二〇〇一年。文庫版由新潮社於二〇〇四年出版）
《切下那隻祈禱的手》（佐佐木中，河出書房新社，二〇一〇年）
《電子書奮戰記》（荻野正昭，新潮社，二〇一〇年）
《別把電子書當笨蛋耍——書物史的第三革命》（津野梅太郎，國書刊行會，二〇一〇年）
《書與電腦》（津野梅太郎，晶文社，一九九三年）
《書物》（森銑三、柴田宵曲合著，白揚社，一九四四年。有改版，文庫版由岩波書店於一九九七年出版）
《莎草紙傳遞的文明——希臘·羅馬的書店》（箕輪成男，NEWS社，二〇〇二年）
《江戶時代的圖書流通》（長友千代治，思文閣出版，二〇〇二年）
《江戶的讀書熱——自學的讀者熱與書籍流通》（鈴木俊幸，平凡社，二〇〇七年）
《江戶的書店——近世文化史的側面》（今田洋三，日本放送出版協會，一九七七年。「平凡社Library」版於二〇〇九年出版）
《東西書肆街考》（脇村義太郎，岩波書店，一九七九年）

《書店的近代——書的光輝時代》（小田光雄，平凡社，二〇〇三年）

【第三章】

《了不起的書店！》（井原萬見子，朝日新聞出版，二〇〇八年）

《書店是活的——想從我的店傳達「莎草紙之夢」》（青田惠一，八潮出版社，二〇〇六年）

《長髮公主》（有吉佐和子，POPLAR社，一九七〇年）

《道成寺繪時本》（小野宏海、藤原成憲合著，道成寺護持會，發行年不詳）

【第四、五章】

《請教出版人(2)盛岡澤屋書店奮戰記》（伊藤清彥，論創社，二〇一一年）

《傷痕累累的店長》（伊達雅彥，PARCO出版，二〇一〇年）

《安政五年的大脫走》（五十嵐貴久，幻冬舍，二〇〇三年。文庫版也是由幻冬舍於二〇〇五年出版）

《富士》（武田泰淳，中央公論社，一九七一年。文庫版也是由中央公論設於一九七三年出版）

《料理人》（Harry・Kressing，早川書房，一九六七年。文庫版也是由早川書房於一九七二年出版）

《要是經濟沒有成長，我們就無法過著富裕人生嗎？》（Charles Douglas Lummis，平凡社，

二〇〇二年。「平凡社Library版」於二〇〇四年出版）
《素食主義者宮澤賢治》（鶴田靜，晶文社，一九九九年）
《沒有物慾的農民》（大牟羅良著，岩波書店，一九五八年。二〇一一年由岩波書店重新出版）
《宮澤賢治與東北碎石工廠的人們》（伊藤良治，國文社，二〇〇五年）
《迅速風土化的日本——郊區化與其弊病》（三浦展，洋泉社，二〇〇四年）
《大型商店與打造城鎮——朝規制發展的美國、摸索中的日本》（矢作弘，岩波書店，二〇〇五年）
《洋泉社MOOK》（洋泉社，二〇〇七年）

【第六章】

《書店最棒！》（安藤哲也，新潮社，二〇〇一年）
《市街的書店不打烊》（奈良敏行、田中淳一郎合著，ALLMEDIA，一九九七年）
《有故事的書店——打造特色書區》（胡正則、長岡義幸合著，ALLMEDIA，一九九四年）
《市街的媒體論》（光文社，二〇一〇年）
《禮物論》（Marcel・Maus原著，有地亨譯，勁草書房，一九六二年。有新版。還有吉田禎吾、江川純一翻譯的筑摩學藝文庫版）
《初始的結構主義》（橋爪大三郎，講談社，一九八八年）

《純粹自然的贈與》（中澤新一，講談社，一九九六年。文庫版由講談社於二〇〇九年出版）
《禮物與交換的文化人類學》（小馬徹，御茶之水書房，二〇〇〇年）
《想傳達的事——濱崎洋三著作集》（定有堂書店，一九九八年）
《我的鳥取》（木元健二，今井出版，二〇〇八年）
《豐富死的文化》（德永進，筑摩書房，二〇〇二年。文庫版由筑摩書房於二〇一〇年出版）
《疾病與家族》（德永進，集英社，一九九六年。文庫版更名為《不具形式的家族》，由思想的科學社於一九九〇年出版）
《我是書店歐吉桑》（早川義夫，晶文社，一九八二年）
《如何不上班也能賺錢過生活》（Raymond Mungo原著，中山容譯，晶文社，一九八一年。有新改訂本）
《詩集　川流不息之路》（花井滿，今井書店鳥取出版企畫室，二〇〇六年）

【第八章】

《古倫巴幼稚園》（西內南、堀內誠一合著，福音館書店，一九六六年）
《構造與力》（淺田彰，勁草書房，一九八三年）
《東京大學的Albert Ayler東大爵士講義錄 歷史篇》（菊地成孔、大谷熊生合著，MEDIA綜合研究所，二〇〇六年。文庫版由文藝春秋於二〇〇九年出版）

《東京大學的Albert Ayler東大爵士講義錄 關鍵字篇》（菊地成孔、大谷熊生合著，MEDIA綜合研究所，二〇〇六年。文庫版由文藝春秋於二〇〇九年出版）

《頸項的碎片》（野口彩子，短歌研究社，二〇〇九年）

《裝箱》（三角實紀，思潮社，二〇一〇年）

貫通全書的主題是參考《不需權力就能改變世界》（Holloway・John原著，大窪一志譯，四茂野修，同時代社，二〇〇九年）一書。

關於出版物流體系、出版市場的敘述部分，則是主要參考新文化通信社發行的出版業界專門報《新文化》的相關報導，以及社團法人全國出版協會、出版科學研究所所彙整的統計資料等。此外，也從不在內文刊載上的書店店員、書店經營者的相關著作得到不少靈感。其他像是書店、出版、數位出版、以網路爲題的許多書籍，也是如此。